1+X职业技能等级证书（智能网联电梯维[illegible]材

智能网联电梯维护

（初、中级）

刘　勇　杨玉杰　李伟忠　　编

黄华圣　主审

机械工业出版社

本书为满足1+X职业技能等级证书“智能网联电梯维护”职业技能培训和智能网联电梯相关专业技能人才培养需求编写。

本书共有5个项目：电梯基础知识、电梯安全与特种作业操作、电梯安装、智能网联电梯维护与保养、电梯物联网智慧监测设备维护。另外，本书配有活页任务书，其中包含21个任务。

为便于读者自学，本书采用EPIP工程实践创新项目教学模式，以工程项目为导引，理论联系实际，具有内容全面、图文并茂等特点。

本书可作为中职电梯安装与维修保养、楼宇智能化设备安装与运行等专业以及高职机电一体化技术、电气自动化技术、电梯工程技术等专业的教材，还适用于电梯1+X职业技能等级证书和电梯特种作业资格证取证。

本书配有电子课件等，凡选用本书作为教材的教师，均可来电（010-88379375）索取，或登录机工教育服务网（www.cmpedu.com）注册下载。

图书在版编目（CIP）数据

智能网联电梯维护：初、中级/刘勇，杨玉杰，李伟忠编．—北京：机械工业出版社，2022.7（2025.1重印）

1+X职业技能等级证书（智能网联电梯维护）配套教材

ISBN 978-7-111-71123-0

Ⅰ.①智… Ⅱ.①刘… ②杨… ③李… Ⅲ.①智能控制-电梯-维修-职业技能-鉴定-教材 Ⅳ.①TU857

中国版本图书馆CIP数据核字（2022）第115037号

机械工业出版社（北京市百万庄大街22号 邮政编码100037）

策划编辑：王宗锋 责任编辑：王宗锋 曲世海

责任校对：肖 琳 王 延 封面设计：鞠 杨

责任印制：单爱军

北京虎彩文化传播有限公司印刷

2025年1月第1版第2次印刷

184mm×260mm · 11.25印张 · 273千字

标准书号：ISBN 978-7-111-71123-0

定价：39.90元

电话服务 网络服务

客服电话：010-88361066 机 工 官 网：www.cmpbook.com

010-88379833 机 工 官 博：weibo.com/cmp1952

010-68326294 金 书 网：www.golden-book.com

 机工教育服务网：www.cmpedu.com

前 言

随着我国经济的飞速发展，智能网联电梯行业也得到了快速发展，但从事电梯制造、安装、检测、调试和保养的技术技能型人才出现匮乏。据统计，大多数的电梯人身伤害事故发生在电梯的安装、维修、保养等施工作业过程中，专业知识不系统、专业技能不熟练和对相关法律法规的忽视是这类事故发生的主要原因。所以，提高电梯从业人员的相关技能水平、加强他们的规范管理与安全意识是整个行业亟待解决的问题。

本书依托智能网联电梯维护职业技能等级标准进行编写，涵盖了智能网联电梯维护职业技能等级（初、中级）证书对应的工作领域、工作任务及职业技能要求，适用于智能网联电梯相关专业教学、1 + X 职业技能等级证书“智能网联电梯维护”职业技能培训考核与评价，同时也适用相关电梯企业员工培训与考核使用。

本书共有 5 个项目：电梯基础知识、电梯安全与特种作业操作、电梯安装、智能网联电梯维护与保养、电梯物联网智慧监测设备维护。另外，本书配有活页任务书，其中包含 21 个任务。

本书由天津市特种作业技能大师、天津机电职业技术学院教授刘勇，天津市南洋工业学校高级讲师杨玉杰和杭州市特种设备检测研究院正高级工程师李伟忠编写。浙江天煌科技实业有限公司总经理黄华圣担任本书主审。

本书在编写过程中得到了智能网联电梯维护职业技能等级标准起草单位和专家的大力支持和帮助，在此，向关心和支持本书编写的有关人员和相关单位表示感谢。

由于编者水平有限，书中不足之处在所难免，恳请读者批评指正。

编　者

二维码清单

名称	图形	页码	名称	图形	页码
设置井道防护		58	拆除顶层平台		67
制作样板		60	安装底坑设备		68
安装机房设备		62	安装钢丝绳		68
搭建顶层平台		62	加装对重块及安装补偿		68
安装导轨及厅门		62	安装随行电缆		71
生命线的架设		65	安装轿顶移动工作平台及头顶防护		71
安装对重架		67	调试慢车前安装报警装置		71

目 录

前言

二维码清单

项目 1　电梯基础知识 …… 1

1.1　电梯的种类 …… 1

1.2　电梯主要参数及基本规格 …… 7

1.3　电梯的性能要求 …… 9

1.4　拓展知识 …… 12

项目 2　电梯安全与特种作业操作 …… 13

2.1　电梯安全基础知识 …… 13

2.2　电梯安全保护系统 …… 16

2.3　常用电工工具及仪器仪表 …… 17

2.4　电梯维护保养的重要性、特点及工作要求 …… 27

2.5　电梯维护保养规范要求 …… 32

2.6　电梯定期检查与作业流程 …… 43

2.7　电梯调试及安装验收 …… 49

2.8　拓展知识 …… 57

项目 3　电梯安装 …… 58

3.1　电梯安装工艺及流程 …… 58

3.2　电梯机械安装 …… 60

3.3　电梯电气设备安装 …… 70

3.4　拓展知识 …… 73

项目 4　智能网联电梯维护与保养 …… 74

4.1　智能网联电梯常见故障 …… 74

4.2　IC 卡技术应用 …… 79

4.3　群控电梯及消防电梯技术应用 …… 81

4.4　电梯一体机技术与应用 …… 84

4.5　触摸屏应用 …… 93

4.6　PLC 技术应用 …… 96

4.7 拓展知识 …… 99
项目5 电梯物联网智慧监测设备维护 …… 100
5.1 电梯物联网技术 …… 100
5.2 电梯物联网维护设备通信设置 …… 104
5.3 电梯云平台技术应用 …… 105
5.4 拓展知识 …… 114
附录 智能网联电梯维护职业技能等级标准 …… 115
参考文献 …… 122

项目1 电梯基础知识

1.1 电梯的种类

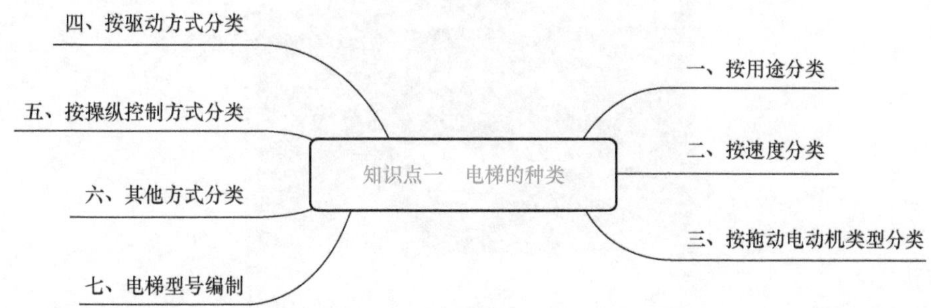

电梯作为一种通用垂直运输机械，被广泛应用于不同的场合，其控制、拖动、驱动方式也多种多样，因此电梯的分类方法也有下列几种。

一、按用途分类

这是一种常用的分类方法，由于电梯有一定的通用性，所以按用途分类在使用中用得较多，但实际标准不很明确。

（一）乘客电梯

电梯是指由动力驱动，利用沿刚性导轨运行的箱体或者沿固定线路运行的梯级（踏步），进行升降或者平行运送人、货物的机电设备，包括载人（货）电梯、自动扶梯、自动人行道等。电梯适用于高层住宅、办公大楼、宾馆或饭店等人员流量较大的公共场合。其轿厢内部装饰要求较高，运行舒适感要求严格，应具有良好的照明与通风设施，为限制乘客人数，其轿厢内面积有限，轿厢宽深比例较大，以利于人员出入。为提高运行效率，其运行速度较快。派生品种有住宅电梯、观光电梯等，如图 1-1-1 所示。

图 1-1-1　豪华观光电梯

（二）载货电梯

以运送货物为主的电梯，同时允许有人员伴随。因运送货物的物理性质不同，其轿厢内部容积差异较大。为了适应装卸货物的要求，其结构要求坚固。由于运送额定重量大，一般运行速度较低，以节省设备投资和电能消耗。轿厢的宽深比例一般小于1，如图1-1-2所示。

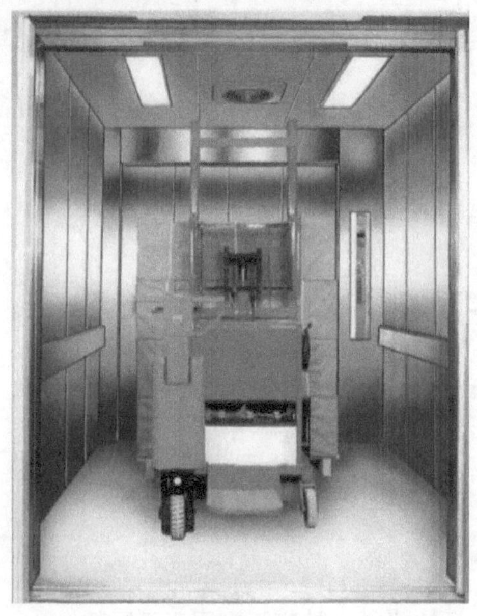

图1-1-2　载货电梯

（三）客货电梯

以运送乘客为主，可同时兼顾运送非集中载荷货物的电梯。其结构比乘客电梯坚固，装饰要求较低，一般用于企业和宾馆、饭店的服务部门。

（四）病床电梯

运送病床（包括病人）及相关医疗设备的电梯。其特点为轿厢宽深比小，深度尺寸一般大于2.4m，以能容纳病床，要求运行平稳，噪声小，平层精度高，如图1-1-3所示。

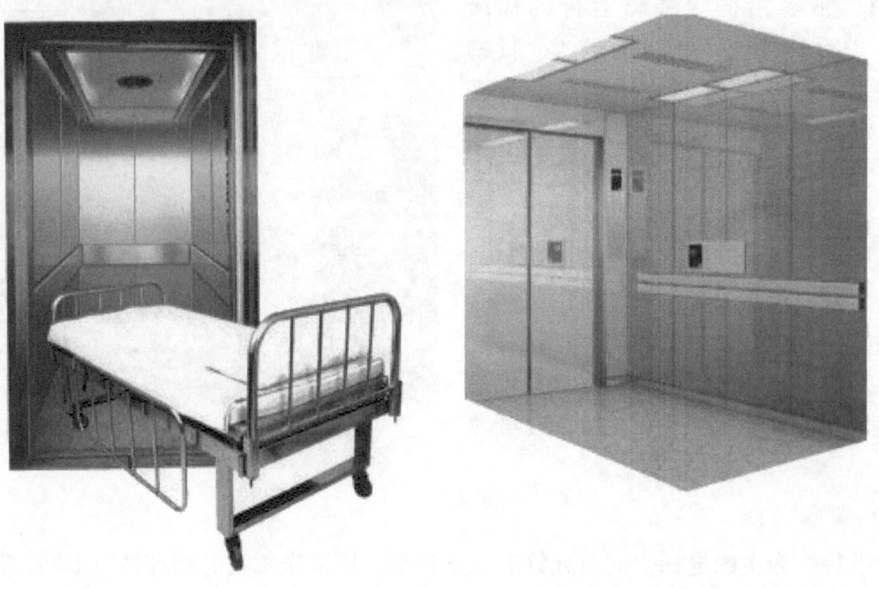

图1-1-3　病床电梯

（五）杂物电梯

服务于规定层站的固定式提升装置。杂物电梯一般具有一个轿厢，由于结构型式和尺寸的关系，轿厢内不允许人员进入，如图 1-1-4 所示。

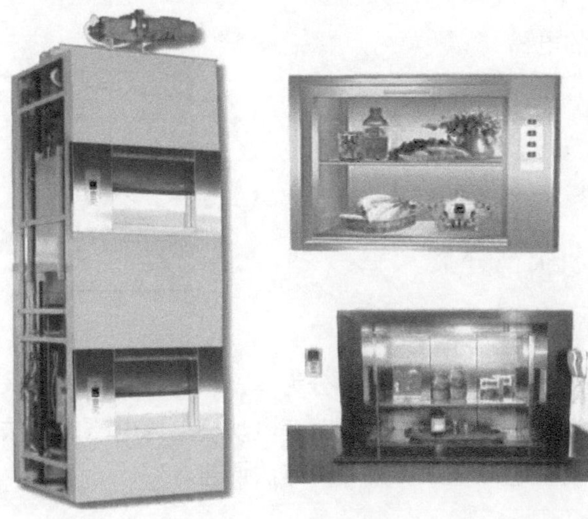

图 1-1-4　杂物电梯

此外还包括防爆电梯、矿井电梯、消防员用电梯等特种电梯。立体车库（电梯）如图 1-1-5 所示。

图 1-1-5　立体车库（电梯）

二、按速度分类

垂直电梯的额定运行速度正在逐步提高，按速度分类的国家标准正待颁布，目前的习惯划分为：

（一）低速电梯

小于等于 0.75m/s 的电梯。

(二) 中速电梯

1m/s≤v≤2.5m/s 的电梯。

(三) 高速电梯

2.5m/s＜v≤4m/s 的电梯。

(四) 超高速电梯

大于 4m/s 的电梯。

注：v 表示额定速度。

三、按拖动电动机类型分类

(一) 交流电梯

采用交流电动机拖动的电梯。其中又可分为单、双速拖动，一般采用改变电动机极对数的方法调速。另外还有调压拖动调速，通过改变电动机电源电压的方法调速；调频调压拖动调速，采取同时改变电动机电源电压和频率的方法调速。

(二) 直流电梯

这是一种采用直流电动机拖动的电梯。由于其调速方便，加减速特性好，曾被广泛采用。随着电子技术的发展，直流拖动正被节省能源的交流调速拖动代替。

四、按驱动方式分类

(一) 钢丝绳驱动式电梯

它可分成两种不同的型式，一种是被广泛采用的摩擦曳引式；另一种是卷筒强制式。前一种安全性和可靠性都较好，后一种缺点较多，已很少采用。

(二) 液压驱动式电梯

液压驱动式电梯历史较长，它可分为柱塞直顶式和柱塞侧置式。优点是机房设置部位较为灵活，运行平稳，采用直顶式时不用轿厢安全钳，对建筑物的强度要求相对较低，顶层高度限制较宽。但其工作高度受柱塞长度限制，运行高度较低。在采用液压油作为工作介质时，还须充分考虑防火安全的要求。

(三) 齿轮齿条驱动式电梯

它通过两对齿轮齿条的啮合来运行；运行振动、噪声较大。这种型式一般不需要设置机房，由轿厢自备动力机构，控制简单，适用于流动性较大的建筑工地。目前已划入建筑升降机类。

(四) 链条链轮驱动式电梯

这是一种强制驱动型式，因链条自重较大，所以提升高度不能过高，运行速度也因链条链轮传动性能局限而较低。但它常用于企业升降物料的作业中，有着传动可靠、维护方便、坚固耐用的优点。

其他驱动方式还有气压式、直线电动机直接驱动式、螺旋驱动式等。

五、按操纵控制方式分类

（一）手柄开关操纵

电梯司机转动手柄位置（开断/闭合）来操纵电梯运行或停止。

（二）按钮控制

电梯运行由轿厢内操纵盘上的选层按钮或层站呼梯按钮来操纵。某层站乘客将呼梯按钮按下，电梯就起动运行去应答，在电梯运行过程中如果有其他层站呼梯按钮按下，控制系统只能把信号记存下来，不能去应答，而且也不能把电梯截住，直到电梯完成前应答运行层站之后方可应答其他层站呼梯信号。

（三）信号控制

把各层站呼梯信号采集起来，将与电梯运行方向一致的呼梯信号按先后顺序排列好，电梯依次应答接运乘客。电梯运行取决于电梯司机操纵，而电梯在何层站停靠由轿厢操纵盘上的选层信号和层站呼梯按钮信号控制。电梯往复运行一周可以应答所有呼梯信号。

（四）集选控制

在信号控制的基础上把呼梯信号集合起来进行有选择的应答。电梯可有（无）司机操纵。在电梯运行过程中，可以应答同一方向所有层站呼梯信号和操纵盘上的选层按钮信号，并自动在这些信号指定的层站平层停靠。电梯运行响应完所有呼梯信号和指令信号后，可以返回基站待命；也可以停在最后一次运行的目标层待命。

（五）下集选控制

下集选控制时，除最低层和基站外，电梯仅将其他层的下方向呼梯信号集合起来应答。如果乘客欲从较低层站到较高层站去，须乘电梯至底层基站后再乘电梯到要去的高层站。

（六）并联控制

并联控制是指两台电梯共同处理层站呼梯信号。并联的各台电梯相互通信、相互协调，根据各自所处的层楼位置和其他相关的信息，确定一台最适合的电梯去应答每一个层站呼梯信号，从而提高电梯的运行效率。

（七）群控

群控是指将两台以上电梯组成一组，由一个专门的群控系统负责处理群内电梯的所有层站呼梯信号，群控系统可以是独立的，也可以隐含在每一个电梯控制系统中。群控系统和每一个电梯控制系统之间都有通信联系。群控系统根据群内每台电梯的楼层位置、已登记的指令信号、运行方向、电梯状态、轿内载荷等信息，实时将每一个层站呼梯信号分配给最适合的电梯去应答，从而最大程度地提高群内电梯的运行效率。群控系统中，通常还可选配上班高峰服务、下班高峰服务、分散待梯等多种满足特殊场合使用要求的操作功能。

（八）串行通信

对象之间的数据传递是根据约定的速率和通信标准，一位一位地进行传送。串行通信的最大优点是：可以在较远的距离、用最少的线路传送大量的数据。电梯控制系统的串行通信主要是指：装在控制柜中的主控系统和轿厢控制器、层站控制器等部件之间的串行通信，以及群控系统和属下各主控系统之间、并联时主控系统相互之间的串行通信。除了涉及安全的信号外，其他电梯控制系统所用的数据都可通过串行通信的方式相互传送。

（九）远程监视

远程监视装置通过有线或无线电话线路、Internet 网络线路等介质，和现场的电梯控制系统通信，监视人员在远程监视装置上能清楚了解电梯的各种信息。

（十）电梯管理系统

电梯管理系统是一种电梯监视控制系统，采用可靠线路连接，用微机监视电梯状态、性能、交通流量和故障代码等，同时可实现召唤电梯、修改电梯参数等功能。

（十一）智能网联系统

将远程监视与电梯管理系统进行系统整合，具有数据采集、交换、存储、分析、筛选及报告等功能。既可监视电梯状态、性能、交通流量和故障代码等，又可实现召唤电梯、修改电梯参数等。智能网联系统还可以进行数据分析和预警功能，通过采集数据，对电梯运行、状态等参数进行对比，进而自动选择最佳运行控制方式。

六、其他方式分类

目前电梯技术的发展使电梯控制日趋完善，操作趋于简单，功能趋于多样，分类方式也各不相同。如按驱动方式分类，包括钢丝绳式、液压式；按曳引机房的位置分类包括机房位于井道上部的电梯、机房位于井道下部的电梯。

七、电梯型号编制

（一）电梯型号编制方法的规定

JJ45—1986《电梯、液压梯产品型号编制方法》中对电梯型号的编制方法做了如下规定：

电梯、液压梯产品的型号由类、组、型、主参数和控制方式等三部分代号组成。第二、三部分之间用短线分开。

第一部分是类、组、型和改型代号，类、组、型代号用具有代表意义的大写汉语拼音字母表示。产品的改型代号按顺序用小写汉语拼音字母表示，如无可以省略不写。

第二部分是主参数代号，左侧为电梯的额定载重量，右侧为额定速度，中间用斜线分开，均用阿拉伯数字表示。

第三部分是控制方式代号，用具有代表意义的大写汉语拼音字母表示，如图 1-1-6 所示。

（二）电梯产品型号示例

1. TKJ1000/2.5 - JX

含义：交流调速乘客电梯。额定载重量为 1000kg，额定速度为 2.5m/s，集选控制。

2. TKZ1000/1.6 - JX

含义：直流乘客电梯。额定载重量为 1000kg，额定速度为 1.6m/s，集选控制。

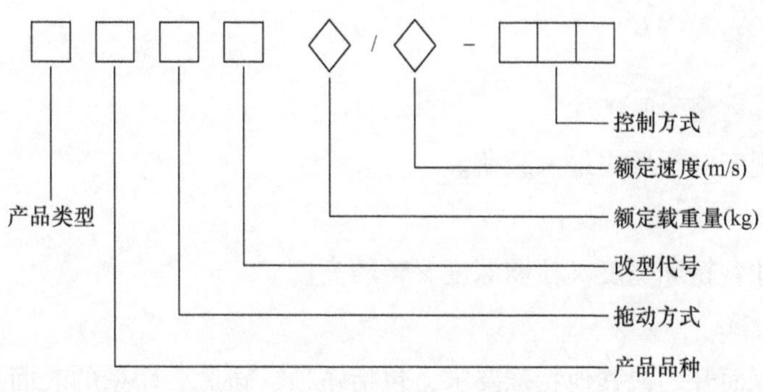

图 1-1-6　电梯型号编制方法

3. TKJ1000/1. 6 – JXW

含义：交流调速乘客电梯。额定载重量为 1000kg，额定速度为 1. 6m/s，微机集选控制。

4. THY1000/0. 63 – AZ

含义：液压货梯。额定载重量为 1000kg，额定速度为 0. 63m/s，按钮控制，自动门。

1.2　电梯主要参数及基本规格

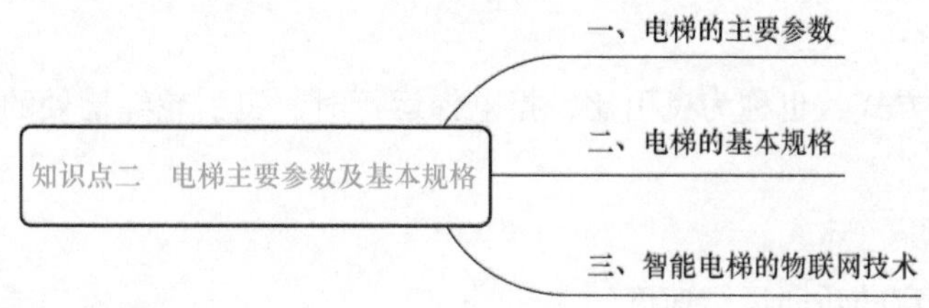

一、电梯的主要参数

（一）额定载重量

电梯设计所规定的轿厢内最大载荷。乘客电梯、客货电梯、病床电梯通常采用 320kg、400kg、630kg、800kg、1000kg、1250kg、1600kg、2000kg、2500kg 等系列，载货电梯通常采用 630kg、1000kg、1600kg、2000kg、3000kg、5000kg 等系列，杂物电梯通常采用 40kg、100kg、250kg 等系列。

（二）额定速度

电梯设计所规定的轿厢运行速度。标准推荐乘客电梯、客货电梯、病床电梯采用 0. 63m/s、1. 00m/s、1. 60m/s、2. 50m/s 等系列，载货电梯采用 0. 25m/s、0. 40m/s、0. 63m/s、1. 00m/s 等系列，杂物电梯采用 0. 25m/s、0. 40m/s 等系列。而实际使用中则还有 0. 50m/s、1. 50m/s、1. 75m/s、2. 00m/s、4. 00m/s、6. 00m/s 等系列。

二、电梯的基本规格

(一)额定载重量(kg)

电梯设计所规定的轿厢内最大载荷。

(二)轿厢尺寸(mm×mm×mm)

轿厢内部尺寸：轿厢宽度×轿厢深度×轿厢高度。

(三)轿厢型式

单面开门、双面开门或其他特殊要求，包括轿顶、轿底、轿壁的表面处理方式，颜色选择，装饰效果，是否装设风扇、空调或电话对讲装置等。

(四)轿门型式

常见轿门有栅栏门、中分门、双折中分门、旁开门及双折旁开门等。

(五)开门宽度(mm)

轿厢门和层门完全开启时的净宽度。

(六)开门方向

对于旁开门，人站在轿厢外，面对层门，门向左开启则为左开门，反之为右开门；两扇门由中间向左右两侧开启者称为中分门。

(七)曳引比

即曳引绳穿绕方式，也称为曳引比，指电梯运行时，曳引轮绳槽处的线速度与轿厢升降速度的比值。

(八)额定速度(m/s)

电梯设计所规定的轿厢运行速度。

(九)电气控制系统

包括电梯所有电气线路采取的控制方式、电力拖动系统采用的型式等方面。

(十)停层站数

凡在建筑物内各楼层用于出入轿厢的地点称为停层站，其数量为停层站数。

(十一)提升高度(mm)

由底层端站楼面至顶层端站楼面之间的垂直距离。

(十二)顶层高度(mm)

由顶层端站楼面至机房楼面或隔音层楼板下最突出构件之间的垂直距离。

(十三)底坑深度(mm)

由底层端站楼面至井道底面之间的垂直距离。

(十四)井道高度(mm)

由井道底面至机房楼板或隔音层楼板下最突出构件之间的垂直距离。

(十五)井道尺寸(mm×mm)

井道的宽×深。

三、智能电梯的物联网技术

智能电梯是在传统电梯上与互联网技术进行结合，使电梯可异地监控。除了传统电梯上需要的设备外还需要有智能终端模块、IC 卡系统、对讲系统、AI 摄像机、物联网监控平台等。

THJDZT－3C 型智能电梯综合实训考核平台是为职业教育设计的实训考核平台，根据智能建筑中升降电梯的机构按照一定的比例进行缩小设计，融低压电气、电梯一体机调试与维修、电梯门机一体机调试与维修、电梯物联网智慧监测、电梯故障诊断云平台、传感检测、视频监控、智能考核系统等于一体，能实现智能电梯复杂的逻辑控制、智能控制，通过该平台的操作训练可考核学生掌握智能互联网电梯维护的综合能力。

THJDZT－3C 型智能电梯的物联网由 IC 卡系统、物联网监测设备、对讲系统、VR 智能电梯模块、电容触摸一体机等组成，如图 1-2-1 所示。

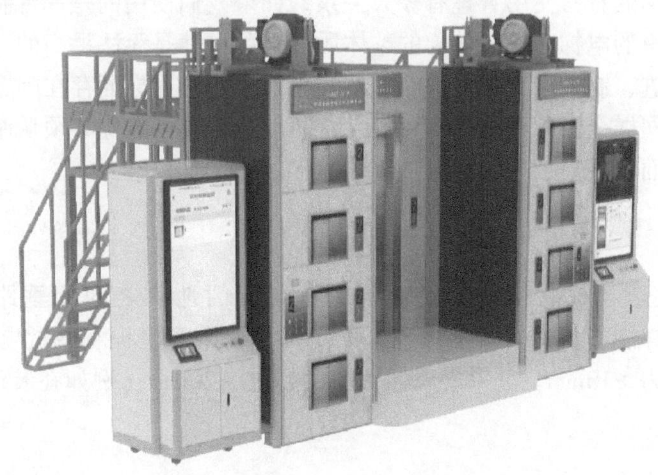

图 1-2-1　智能电梯的物联网设备

1）IC 卡系统包括内召控制器、IC 卡制卡器、IC 卡加密狗、IC 卡等。

2）物联网监测设备包括智能终端、AI 摄像机等。

3）对讲系统包括轿厢、轿顶、底坑、主机四方对讲。

4）电容触摸一体机分为安卓系统与 Windows 系统，可用于模拟手机与计算机对摄像头与监控云平台进行操作。

5）VR 智能电梯模块是由 VR 一体机与 VR 仿真软件组成。

1.3　电梯的性能要求

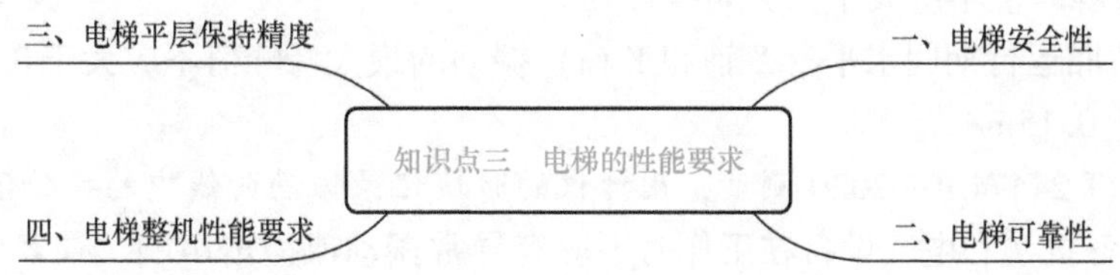

一、电梯安全性

安全运行是电梯必须保证的首要指标，是由电梯的使用要求所决定的，在电梯制造、安装调试、日常管理维护及使用过程中，安全运行是必须绝对保证的重要指标。为保证安全，对于涉及电梯运行安全的重要部件和系统，在设计制造时留有较大的安全系数，设置了一系列安全保护装置，使电梯成为各类运输设备中安全性最好的设备之一。

二、电梯可靠性

可靠性是反映电梯技术的先进程度与电梯制造、安装维保及使用情况密切相关的一项重要指标，反映了电梯日常使用中因故障导致电梯停用或维修的发生概率，故障率高说明电梯的可靠性较差。

一台电梯在运行中的可靠性如何，主要受该电梯的设计制造质量和安装维护质量两方面影响，同时还与电梯的日常使用管理有极大关系。如果我们使用的是一台制造中存在问题和瑕疵，具有故障隐患的电梯，那么电梯的整体质量和可靠性是无法提高的；然而即使我们使用的是一台技术先进、制造精良的电梯，却在安装及维护保养方面存在问题，同样也会导致大量的故障出现，同样会影响到电梯的可靠性。所以要提高可靠性必须从制造、安装维护和日常使用等几个方面着手。

三、电梯平层保持精度

平层保持精度是电梯装卸期间，轿厢地坎与层门地坎之间铅垂距离，根据 GB/T 7588. 1—2020《电梯制造与安装安全规范　第 1 部分：乘客电梯和载货电梯》中规定，轿厢的平层准确度应为 ±10mm。如果平层保持精度超过 ±20mm（例如在装卸期间），则应校正至 ±10mm。

四、电梯整机性能要求

根据 GB/T 10058—2009《电梯技术条件》中，对于电梯整机性能做如下要求：

1）当电源为额定频率和额定电压时，载有 50% 额定载重量的轿厢向下运行至行程中段（除去加速和减速段）时的速度，不应大于额定速度的 105%，宜不小于额定速度的 92%。

2）乘客电梯起动加速度和制动减速度最大值均不应大于 $1.5m/s^2$。

3）当乘客电梯额定速度为 $1.0m/s < v \leqslant 2.0m/s$ 时，按 GB/T 24474. 1—2020 测量，A95 加、减速度不应小于 $0.50m/s^2$；当乘客电梯额定速度为 $2.0m/s < v \leqslant 6.0m/s$ 时，A95 加、减速度不应小于 $0.7m/s^2$。

4）乘客电梯的中分自动门和旁开自动门的开关门时间宜不大于表 1-3-1 规定的值。

5）乘客电梯轿厢运行在恒加速度区域内的垂直（Z 轴）振动的最大峰峰值不应大于 $0.30m/s^2$，A95 峰峰值不应大于 $0.20m/s^2$。

乘客电梯轿厢运行期间水平（X 轴和 Y 轴）振动的最大峰峰值不应大于 $0.20m/s^2$，A95 峰峰值不应大于 $0.15m/s^2$。

注：按 GB/T 24474. 1—2020 测量，用计权的时域记录振动曲线中的峰峰值。

6）电梯的各机构和电气设备在工作时不应有异常振动或撞击声响。乘客电梯的噪声值

应符合表1-3-2规定。

表1-3-1 乘客电梯的开关门时间 （单位：s）

开门方式	开门宽度（B）/mm			
	B≤800	800＜B≤1000	1000＜B≤1100	1100＜B≤1300
自动门	3.2	4.0	4.3	4.9
旁开自动门	3.7	4.3	4.9	5.9

注：1. 开门宽度超过1300mm时，其开门时间由制造商与客户协商确定。

2. 开门时间是指从开门启动至达到开门宽度的时间；关门时间是指从关门启动至GB 7588—2003 7.7.3.1、7.7.4、8.9证实层门锁紧装置、轿门锁紧装置（如果有）以及层门、轿门关状闭态的电气安全装置的触点全部接通的时间。

表1-3-2 乘客电梯的噪声值 （单位：dB）

额定速度 v/(m/s)	$v<2.5$	$2.5<v\leqslant 6.0$
额定速度运行时机房内平均噪声值	≤80	≤85
运行中轿厢内最大噪声值	≤55	≤60
开关门过程最大噪声值	≤65	

注：无机房电梯的“机房内平均噪声值”是指距离曳引机1m处所测得的平均噪声值。

7）曳引式电梯的平衡系数应在0.4~0.5范围内。

8）电梯应具有以下安全装置或保护功能，并应能正常工作：

① 供电系统断相、错相保护装置或保护功能。电梯运行与相序无关时，可不设置错相保护装置。

② 限速器-安全钳系统联动超速保护装置、监测限速器或安全钳动作的电气安全装置以及监测限速器绳断裂或松弛的电气安全装置。

③ 终端缓冲装置（对于耗能型缓冲器还包括检查复位的电气安全装置）。

④ 超越上下极限工作位置时的保护装置。

⑤ 层门门锁装置及电气联锁装置：

电梯正常运行时，应不能打开层门；如果一个层门开着，电梯应不能起动或继续运行（在开锁区域的平层和再平层除外）；验证层门锁紧的电气安全装置；证实层门关闭状态的电气安全装置；紧急开锁与层门的自动关闭装置。

⑥ 动力操纵的自动门在关闭过程中，当人员通过入口被撞击或即将被撞击时，应有一个自动使门重新开启的保护装置。

⑦ 轿厢上行超速保护装置。

⑧ 紧急操作装置。

⑨ 滑轮间、轿顶、底坑、检修控制装置、驱动主机和无机房电梯设置在井道外的紧急和测试操作装置上应设置双稳态的红色停止装置。如果距驱动主机1m以内或距无机房电梯设置在井道外的紧急和测试操作装置1m以内设有主开关或其他停止装置，则可不在驱动主机或紧急和测试操作装置上设置停止装置。

⑩ 不应设置两个以上的检修控制装置。

若设置两个检修控制装置，则它们之间的互锁系统应保证：

a. 如果仅其中一个检修控制装置被置于“检修”位置，通过按压该检修控制装置上的按钮能使电梯运行；

b. 如果两个检修控制装置均被置于“检修”位置：

在两者中任一个检修控制装置上操作均不能使电梯运行；或同时按压两个检修控制装置上相同功能的按钮才能使电梯运行。

1.4 拓展知识

厚植爱国情怀，担当时代使命

中华文明经历了五千多年的历史变迁，始终一脉相传，沉淀着中华民族根植最深、影响最大的精神品质——爱国主义，“不论树的影子有多长，根永远扎在土里。”它是本分和职责，是心之所系、情之所归、理之所在，爱国情怀始终是把中华民族团结在一起的精神力量，激励着一代又一代中华儿女为祖国发展繁荣而不懈奋斗。新时代的爱国要把个人理想同祖国前途、民族命运联系起来；把爱党、爱国、爱社会主义统一起来；把厚植爱国情怀同传承中华民族优秀传统文化结合起来；把立足民族和面向世界结合起来。

项目2 电梯安全与特种作业操作

2.1 电梯安全基础知识

一、劳动防护用品使用安全

劳动防护用品是用来减轻或消除事故伤害或职业危害所配备的防护性装备。使用前必须检查，要符合有关标准，妥善保管，监督使用。使用后要整理，处理清洁后保存、修补、更换。对于不符合国家标准或行业标准，在使用期或保管期内遭到损坏或超过有效使用期，经检验未达到原规定的有效防护功能最低指标时要进行报废处理。

电梯施工人员进入施工现场必须严格佩戴安全帽、防护镜、安全鞋、安全带、绝缘手套。

（一）安全帽的安全使用

1）安全帽在佩戴前，应调整好松紧大小，以帽子不能在头部自由活动、自身又未感觉不适为宜。

2）必须拴紧下颚带，当人体发生坠落或二次击打时，不至于脱落。由于安全帽戴在头部，起到对头部的保护作用。

3）安全帽应戴正，帽带系紧，帽箍的大小应根据佩戴人的头形调整箍紧；女生佩戴安全帽时应将头发放进帽衬。

（二）安全带的安全使用

1）安全带应该高挂低用，注意防止摆动碰撞。

2）安全带上的各种零部件不得任意拆掉，使用 2 年以上应抽检 1 次。

3）悬挂安全带应做冲击试验，频繁使用的绳要经常做外观检查，发现异常时，应提前报废。新使用的安全带必须有产品检验合格证，无证明的不准使用。

4）三点式腰部安全带应系得尽可能低些，最好系在髋部，不要系在腰部。

二、电梯安全标志

《电梯制造与安装安全规范》（GB 7588—2003）中规定，电梯在某些地方应设置安全标志。电梯的安全标志可分为说明类、提示类、警告类。

（1）说明类标志

此类标志主要指电梯各零部件的铭牌。不论是轿厢还是限速器，每一个零部件在相应位置都应贴有铭牌指示，指出设备名称、型号、生产厂家等信息，在安装及后期维修保养改造过程中方便技术人员核对信息。

（2）提示类标志

此类标志主要用文字、数字、图形、符号来提醒人们注意防止事故的发生。标志应设在明显、不会误操作的地方并且易于识别。例如，电梯的旋转部位要标出其旋转方向，方便工作人员识别电梯的运行方向或盘车救援方向。

（3）警告类标志

此类标志是提醒人们对周围环境引起注意，以避免可能发生的危险。警告类标志如图 2-1-1 所示，警告类也可以通过简洁的语言发出命令。例如，电梯机房门上会设有“机房重地，闲人免进”标志。

图 2-1-1　警告类标志

安全色是为了使人们对周围存在的不安全因素引起注意，因此需要涂以醒目的颜色。统一使用安全色，能使人们在紧急状况下，快速识别危险，尽快采取措施，有助于防止事故的发生。

安全色有红色、黄色、蓝色、绿色、红色与白色相间隔条纹，黄色与黑色相间隔条纹，蓝色与白色相间隔条纹。对比色有白色和黑色。红色表示禁止、停止、危险以及消防设备的意思。蓝色表示指令，要求人们必须遵守的规定；黄色表示提醒人们注意，凡是警告人们注意的器件、设备及环境都应以黄色表示；绿色表示给人们提供允许、安全的信息；黑色用于安全标志的文字、图形符号和警告标志的几何边框；白色作为安全标志红色、蓝色、绿色的背景色，也可用于安全标志的文字和图形符号。

三、电梯防火安全

为防止火灾发生，从设计、生产到投入使用，均应采取预防措施，杜绝火灾隐患。

1）电梯井道串通各层楼板，形成竖向连通孔洞。

因电梯使用需上下升降，竖井不可能在各层分别形成防火分区，所以要求电梯井道采用具有2h耐火极限的不燃烧物体做井壁，有助于防止火焰蔓延。只允许有层门、通风孔等功能性开孔，不应开设其他洞口，以使竖井和其他楼房的空间分隔开来。

2）电梯井的耐火能力。

为了保证消防电梯在任何火灾情况下都能坚持工作，电梯井井壁必须有足够的耐火能力，其耐火等级一般不应低于2.5h。现浇钢筋混凝土结构耐火等级一般都在3h以上。

3）电梯井道不允许敷设与电梯无关的线路和管道。

严禁敷设可燃气体和甲、乙、丙类液体管道。如水管必须穿过井道，应在穿墙处设置套管，并将套管与水管的间隙用防火材料密封处理。

4）井道内架设的电梯随行动力电缆和控制回路的信号线要有防水措施，防止因泡水产生漏电事故而影响灭火。这些电缆电线必须是阻燃的，其绝缘护套为不燃材料，并且强度韧性好，由于这些电缆电线要随着电梯上下运行，应当经得起磨损、弯曲和烟气的考验。

5）保证电梯机房的供电负荷。

电梯机房的供电必须为二级负荷，消防电梯应有可靠的备用电源，确保在发生火灾时仍能保证消防用电。

6）配备灭火器、应急灯及应急电源。

轿厢应配备灭火器，安装应急灯，并有保证供电30min不间断的应急电源。

7）司梯人员认真操作。

司梯人员严格遵守操作规程，严禁携带运送易燃易爆危险品。不得超载运行，避免线路因长期负荷过重，造成过热引起火灾。

8）防火门与安全电话设置。

电梯机房门设置一级防火门，安装消防专线电话。

四、危险情况处理

一旦发生火灾，要先切断电源，灭火时一般不使用泡沫灭火器或水，以防触电事故发生。在实施灭火时，人体与带电体之间要保持必要的安全距离，机体、喷嘴至带电体最小距离不应小于0.4m，并注意燃烧后的下落物体，以免砸伤。

有一类专用于消防救援的电梯叫消防电梯。消防电梯是在建筑物发生火灾时供消防人员进行灭火与救援使用且具有一定功能的电梯。高层建筑设计中，应根据建筑物的重要性、高度、建筑面积、使用性质等情况设置消防电梯。通常建筑高度超过32m且设有电梯的高层厂房和建筑高度超过32m的高层库房，每个防火分区内应设1台消防电梯；高度超过24m的一类建筑、10层及10层以上的塔式住宅建筑、12层及12层以上的单元式住宅和通廊式住宅建筑以及建筑高度超过32m的二类高层公共建筑等均应设置消防电梯。

消防电梯的正确使用如下：

1）消防队员到达首层的消防电梯前室（或合用前室）后，首先用随身携带的手斧或其他硬物将保护消防电梯按钮的玻璃片击碎，然后将消防电梯按钮置于接通位置。因生产厂家不同，按钮的外观也不相同，有的仅在按钮的一端涂有一个小“红圆点”，操作时将带有“红圆点”的一端压下即可；有的设有两个操作按钮，一个为黑色，上面标有英文“OFF”，另一个为红色，上面标有英文“ON”，操作时将标有“ON”的红色按钮压下即可进入消防状态。

2）电梯进入消防状态后，如果电梯在运行中，就会自动降到首层站，并自动将门打开，如果电梯原来已经停在首层，则自动打开。

3）消防队员进入消防电梯轿厢后，应用手紧按关门按钮直至电梯门关闭，待电梯起动后，方可松手。在关门过程中如松开手，门可能自动打开，电梯则不会起动。有些情况下，仅紧按关门按钮还是不够的，应在紧按关门按钮的同时，用另一只手将希望到达的楼层按钮按下，直到电梯起动才能松手。

电梯发生火灾时应立即停止电梯运行，并采取如下措施：

1）如电梯井道、电梯轿厢发生火灾，应立即停止电梯运行并疏导乘客从步行楼梯安全撤离，切断电源，用干粉灭火器进行灭火扑救。

2）如相邻建筑物发生火灾，也须立即停梯，以免因火灾停电造成电梯困人事故。

3）应详细记录电梯故障发生的时间、原因、救援经过和故障排除时间，填写《突发事件记录》存档备案。

4）如电梯井道、电梯轿厢发生火灾，则必须要求电梯维保公司查明故障原因。电梯必须修复观察正常后方可恢复运行。

2.2 电梯安全保护系统

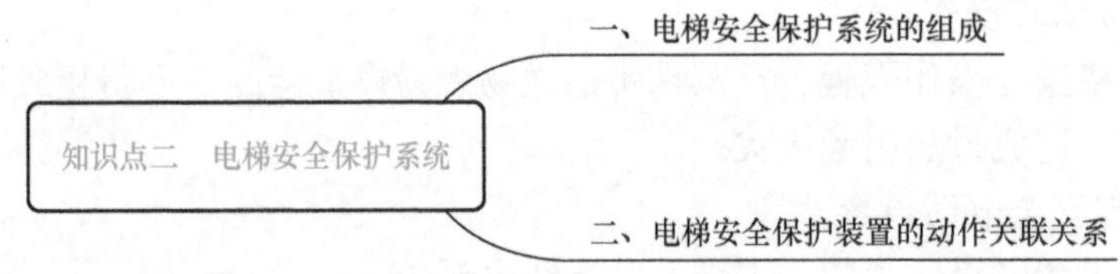

一、电梯安全保护系统的组成

1）超速（失控）保护装置：限速器、安全钳。

2）超越上下极限工作位置保护装置：强迫减速开关、限位开关、极限开关，上述三个开关分别起到强迫减速、切断控制电路、切断动力电源三级保护。

3）蹲底（与冲顶）保护装置：缓冲器。

4）层门、轿门门锁电气联锁装置：确保门不可靠关闭电梯不能运行。

5）近门安全保护装置：层门、轿门设置保护装置（如光幕），保证门在关闭过程中不会夹伤乘客或货物，关门受阻时，保持门处于开启状态。

6）电梯不安全运行防止系统：轿厢超载控制装置、限速器断绳开关、安全钳误动作开关、轿顶安全窗和轿厢安全门开关等。

7）供电系统断相、错相保护装置：相序保护继电器等。

8）轿厢慢速移动装置：停电或电气系统发生故障时，轿厢慢速移动。

9）报警装置：轿厢内与外联系的警铃、电话等。

除上述安全装置外，还会设置轿顶安全护栏、轿厢护脚板、底坑对重侧防护栏等设施。综上所述，电梯安全保护系统一般由机械安全装置和电气安全装置两大部分组成，但是机械

安全装置往往也需要电气方面的配合和联锁，才能保证电梯运行安全可靠。

二、电梯安全保护装置的动作关联关系

图 2-2-1 为电梯安全系统关联图，由该图可知，当电梯出现紧急故障时，分布于电梯系统各部位的安全开关被触发，切断电梯控制电路，曳引机制动器动作，制停电梯。当电梯出现极端情况（如曳引绳断裂）时，轿厢将沿井道坠落，当到达限速器动作速度时，限速器会触发安全钳动作，将轿厢制停在导轨上。当轿厢超越顶、底层站时，首先触发强迫减速开关减速；如无效，则触发限位开关使电梯控制电路动作将曳引机制停；若仍未使轿厢停止，则会采用机械方法强行切断电源，迫使曳引机断电并使制动器动作制停。当曳引钢丝绳在曳引轮上打滑时，轿厢速度超限会导致限速器动作触发安全钳，将轿厢制停；如果打滑后轿厢速度未达到限速器触发速度，最终轿厢将触及缓冲器减速制停。当轿厢超载并达到某一限度时，轿厢超载开关被触发，切断控制电路，导致电梯无法起动运行。当安全窗、安全门、层门或轿门未能可靠锁闭时，电梯控制电路无法接通，会导致电梯在运行中紧急停车或无法起动。当层门在关闭过程中，安全触板遇到阻力，则门机立即停止关门并反向开门，稍作延时后重新尝试关门动作，在门未可靠锁闭时电梯无法起动运行。

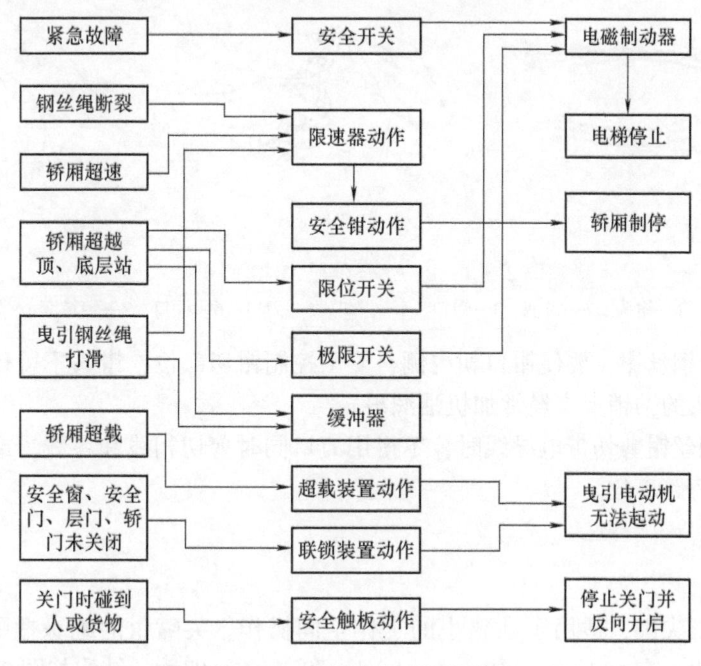

图 2-2-1　电梯安全系统关联图

2.3　常用电工工具及仪器仪表

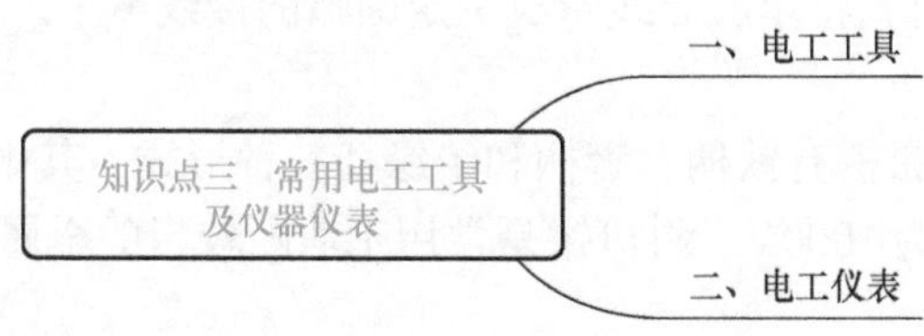

一、电工工具

(一) 钢丝钳

(1) 钢丝钳的结构和用途

钢丝钳又名克丝钳，是电工应用最频繁的工具，常用的规格有 150mm、175mm 和 200mm 三种。

电工钢丝钳是钳夹和剪切工具，由钳头和钳柄两部分组成。钳头由钳口、齿口、刀口和铡口四部分组成。它的功能较多，钳口用来弯铰或钳夹导线线头，齿口可代替扳手用来旋紧或起松螺母，刀口用来剪切导线、剖切导线绝缘层或掀拔铁钉，铡口用来铡切电线线芯和钢丝、铝丝等较硬的金属。其结构和用途如图 2-3-1 所示。电工所用的钢丝钳，在钳柄上应套有耐电压为 500V 以上的绝缘套。

(2) 钢丝钳使用注意事项

1) 使用电工钢丝钳之前，必须检查绝缘套的绝缘是否完好，如绝缘损坏，不得带电操作，以免发生触电事故。

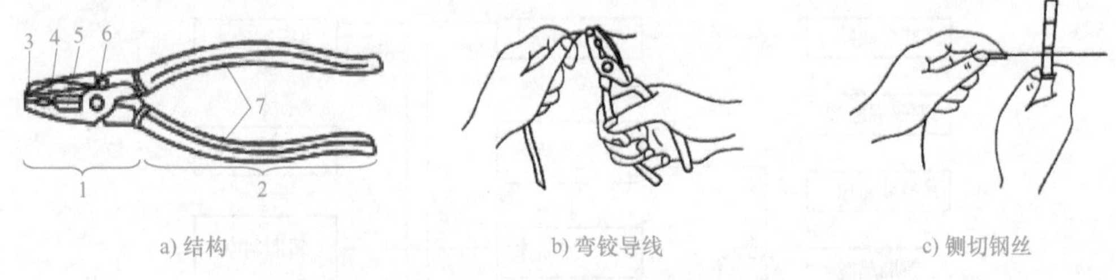

a) 结构　　b) 弯铰导线　　c) 铡切钢丝

图 2-3-1　电工钢丝钳的结构和用途

1—钳头　2—钳柄　3—钳口　4—齿口　5—刀口　6—铡口　7—绝缘套

2) 使用电工钢丝钳，要使钳口朝内侧，便于控制钳切部位；钳头不可代替锤子作为敲打工具使用；钳头的轴销上应经常加机油润滑。

3) 用电工钢丝钳剪切带电导线时，不得用刀口同时剪切相线和零线，或同时剪切两根相线，以免发生短路事故。

(二) 尖嘴钳与断线钳

(1) 尖嘴钳

尖嘴钳的头部尖细，适用于在狭小的工作空间操作。尖嘴钳的绝缘柄耐电压为 500V，其规格以全长表示，有 130mm、160mm、180mm 和 200mm 四种。结构如图 2-3-2 所示。

尖嘴钳的主要用途有：

1) 剪断细小金属丝。

2) 夹持较小螺钉、垫圈、导线等元件。

3) 装接控制电路板时，将单股导线弯成一定圆弧的接线鼻子。

(2) 斜口钳

斜口钳又称断线钳，钳柄有铁柄、管柄和绝缘柄三种形式，其中电工用断线钳的外形如图 2-3-3 所示，其耐电压为 1000V。斜口钳是常用于剪断较粗的金属丝等。

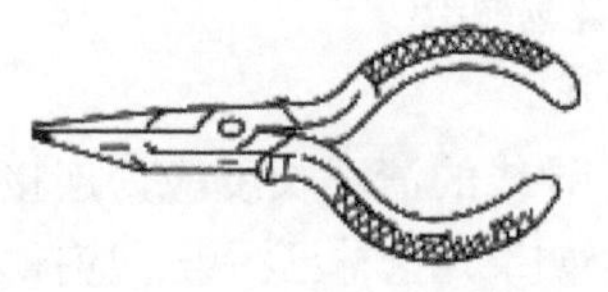
图 2-3-2 尖嘴钳

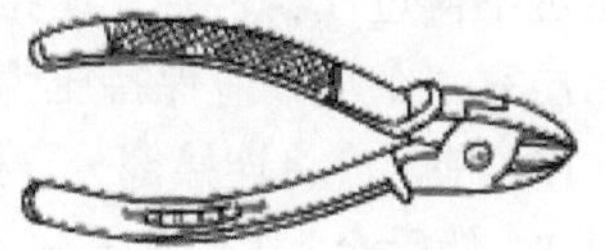
图 2-3-3 斜口钳

（3）剥线钳

剥线钳是用来剥削小直径（截面积 $6mm^2$ 以下）电线端部塑料线或橡胶绝缘的专用工具。它由钳头和手柄两部分组成。钳头部分由压线口和切口组成，分别有直径 0.5 ~ 3mm 等多个规格切口，以适应不同规格的线芯。使用时，电线必须放在大于其线芯直径的切口上剥削，否则会切伤线芯。将要剥削的绝缘层长度用标尺定好以后，即可将导线放入相应的切口中，用手将钳柄一握，导线的绝缘层即被割破自动弹出。剥线钳的外形示例如图 2-3-4 所示。

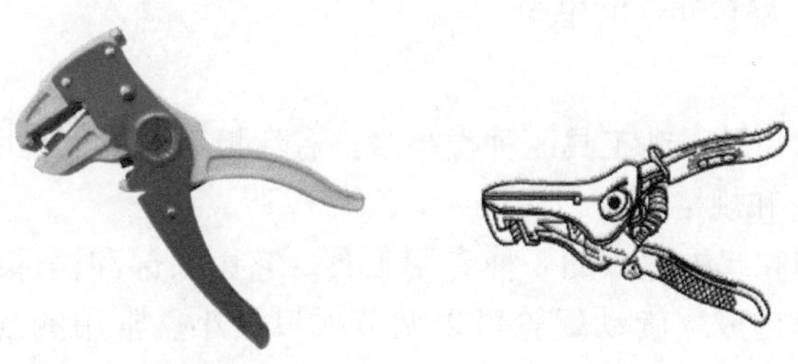
图 2-3-4 剥线钳外形示例

（4）压接钳

压接钳按动力的类型可分为手动液压钳和电动液压钳。手动液压钳对应的芯线尺寸较小，一般为 $16 \sim 300mm^2$，如果超过 $300mm^2$，则要用电动液压钳。其外形如图 2-3-5 所示。

手动液压钳压接时，应先将手柄向上抬起，柱塞向内移动，进油阀下腔产生真空，油箱内的油进入柱塞腔。然后将手柄下压，使柱塞向内移动，进油阀关闭，打开出油阀，使油进入液压缸，推动活塞和阳模。阳、阴模之间放有压接管，当压接管被挤压的坑深到一定值时，开启回油阀，活塞自动返回，压完一个坑后，移动压钳，再压下一个。电动液压钳除动力改为电力，其余与手动液压钳无异。

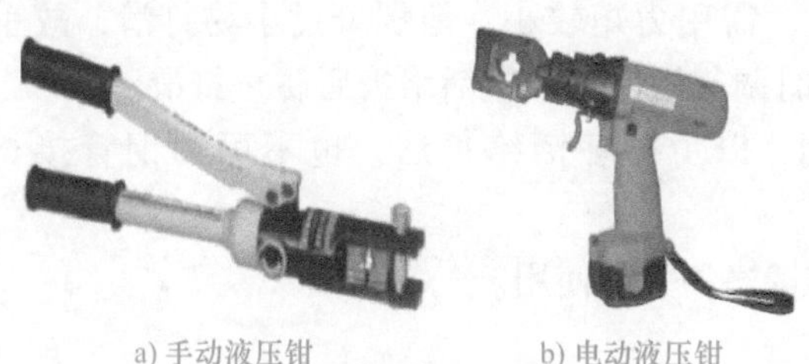
a) 手动液压钳　　b) 电动液压钳

图 2-3-5 压接钳

使用压接钳连接导线时，除应按压接顺序正确进行操作外，须注意以下事项：

1）压接管和压模的型号应与所连接导线的型号一致。

2）钳压模数和模间距应符合规程要求。

3）压坑不得过浅，否则，压接管握着力不够，接头容易抽出。

4）每压完一个坑，应保持压力至少1min，然后再松开。

5）在连接前，应将连接部分、连接管内壁清洗干净（导线的清洗长度应为连接管长度的1.25倍以上），然后涂上中性凡士林，再用钢丝刷擦刷一遍。如果凡士林已污染，应抹去重涂。

6）要求连接点的电阻小而且稳定，连接点的电阻与相同长度、相同截面积的导体电阻之比值，对于新安装的终端头和中间头，应不大于1.2，强度应不低于原来芯线强度的90%。

7）连接不同金属除应满足接触电阻要求外，还应采取一定的防腐措施。一般方法是在铜质压接管内壁上刷一层锡后再进行压接。

8）有下列情形之一者就切断重接：

a. 管身弯曲度超过管长的3%。

b. 连接管有裂纹。

c. 连接管电阻大于等长导线的电阻。

（三）扳手

扳手是螺纹连接的一种手动工具，种类很多，有活扳手和其他常用扳手。

（1）活扳手的构造和规格

活扳手是用来紧固和起松螺母的一种专用工具。它由头部和柄部组成，头部由呆扳唇、活络扳唇、蜗轮和轴销构成。旋动蜗轮可以调节扳口大小。常用的规格有150mm、200mm和300mm等。按照螺母大小选用适当规格。活扳手的结构如图2-3-6a所示。

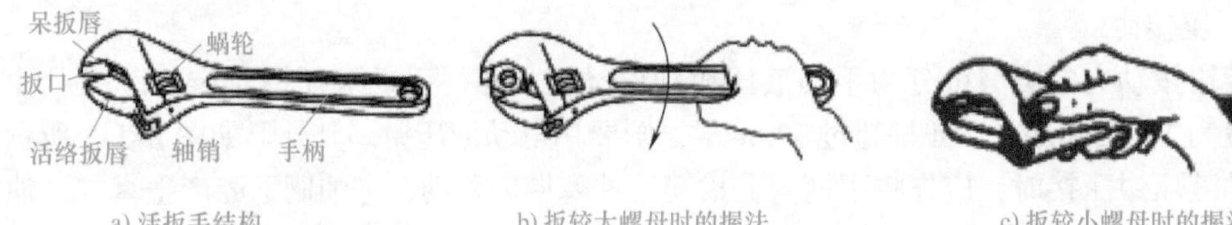

a) 活扳手结构　　b) 扳较大螺母时的握法　　c) 扳较小螺母时的握法

图2-3-6　活扳手

（2）活扳手的使用方法

1）扳动大螺母时，需用力矩较大，手应握在近柄尾处，如图2-3-6b所示。

2）扳动较小螺母时，需用力矩较小，但螺母过小易打滑，故手应握在近头部的地方，如图2-3-6c所示，可随时调节蜗轮，收紧活络扳唇防止打滑。

3）活扳手不可反用，以免损坏活络扳唇，也不可用钢管接长柄来施加较大的扳拧力矩。

4）活扳手不得当作撬棒和手锤使用。

（3）其他常用扳手

其他常用扳手有呆扳手、梅花扳手、两用扳手、套筒扳手和内六角扳手等。

1）呆扳手：又称死扳手，其开口宽度不能调节，有单端开口和两端开口两种形式，分别称为单头扳手和双头扳手。单头扳手的规格是以开口宽度表示，双头扳手的规格是以两端开口宽度（单位：mm）表示，如8×10、32×36等。

2）梅花扳手：常用的是双头形式（俗称眼镜扳手），它的工作部分为封闭圆，封闭圆内分布了12个可与六角头螺钉或螺母相配的牙型。适用于工作空间狭小、不便使用活扳手和呆扳手的场合，其规格表示方法与双头扳手相同。

3）两用扳手：两用扳手的一端与单头扳手相同，另一端与梅花扳手相同，两端适用同一规格的六角头螺钉或螺母。

4）套筒扳手：套筒扳手是由一套尺寸不同的梅花套筒头和一些附件组成，可用在一般扳手难以接近螺钉和螺母的场合。

5）内六角扳手：用于旋动内六角螺钉，其规格以六角形对边的尺寸来表示，最小的规格为3mm，最大的为27mm。

二、电工仪表

电工仪表是用于测量电压、电流、电能、电功率等电量和电阻、电感、电容等电路参数的仪表，在电气设备安全、经济、合理运行的监测与故障检修中起着十分重要的作用。电工仪表的结构性能及使用方法会影响电工测量的精确度，电工必须能合理选用电工仪表，而且要了解常用电工仪表的基本工作原理及使用方法。

（一）电工仪表的分类及符号

常用电工仪表有：直读指示仪表，它把电量直接转换成指针偏转角，如指针式万用表；比较仪表，有的比较仪表与标准器比较，并读取二者比值，如直流电桥，有的显示两个相关量的变化关系，如示波器；数字仪表，它把模拟量转换成数字量直接显示，如数字万用表。常用电工仪表按其结构特点及工作原理分类，有磁电系、电磁式、电动式、感应式、整流式、静电式和数字式等。

为了表示常用电工仪表的技术性能，在电工仪表的表盘上有许多符号，如被测量单位的符号、工作原理符号、电流种类符号、准确度等级符号、工作位置符号和绝缘强度符号等。以图2-3-7所示的1T1－A型交流电流表为例，其表盘左下角符号：

① 电流种类符号，~为交流；

② 仪表工作原理符号，图示符号为电磁式；

③ 防外磁场等级符号，为Ⅲ级；

④ 绝缘强度等级符号，仪表绝缘可经受2kV、1min耐电压试验；

⑤ 表示B组仪表；

⑥ 工作位置符号，⊥表示盘面应位于垂直方向；

⑦ 仪表准确度等级为1.5级。

所以测量结果的精确度，不仅与仪表的准确度等级有关，而且与它的量程也有关。因此，通常选择量程时应尽可能使读数为满刻度的50%～95%。

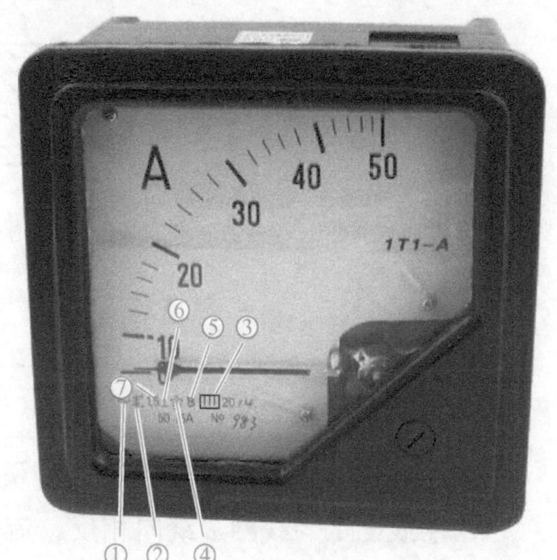

图2-3-7　1T1－A型交流电流表

（二）绝缘电阻表

（1）绝缘电阻表定义

绝缘电阻表常称为兆欧表，传统的手摇发电式又俗称为摇表，是专门用于测量绝缘电阻的仪表，它的计量单位是兆欧（MΩ）。传统的绝缘电阻表是由高压手摇发电机及磁电式双动圈流比计组成，除高压接线柱（L）和接地柱（E）外，还装有防止测量电路泄漏电流的屏蔽装置和独立的接线柱（G），如图 2-3-8 所示。

（2）绝缘电阻表的结构和工作原理

1）绝缘电阻表的结构。

常用的手摇式绝缘电阻表，主要由磁电式流比计和手摇直流发电机组成，输出电压有 250V、500V、1000V、2500V、5000V 几种。随着电子技术的发展，现在已出现了用干电池及晶体管直流变换器把电池低压直流转换为高压直流，来代替手摇发电机的数字式绝缘电阻表。

图 2-3-8　绝缘电阻表

磁电式流比计是测量机构。如 ZC－7 型：可动线圈 1 与 2 互成一定角度，放置在一个有缺口的圆柱形铁心的外面，并与指针固定在同一转轴上；极掌为不对称形状，以使空气隙不均匀。

2）绝缘电阻表的工作原理。

绝缘电阻表的工作原理如下：被测电阻 R_X 接于绝缘电阻表测量端子线端 L 与地端 E 之间。摇动手柄，直流发电机输出直流电流，如图 2-3-9 所示。线圈 1、电阻 R_1 和被测电阻 R_X 串联，线圈 2 和电阻 R_2 串联，然后两条电路并联后接于发电机两个输出端上。设线圈 1 电阻为 r_1，线圈 2 电阻为 r_2，则两个线圈上有电流流过。

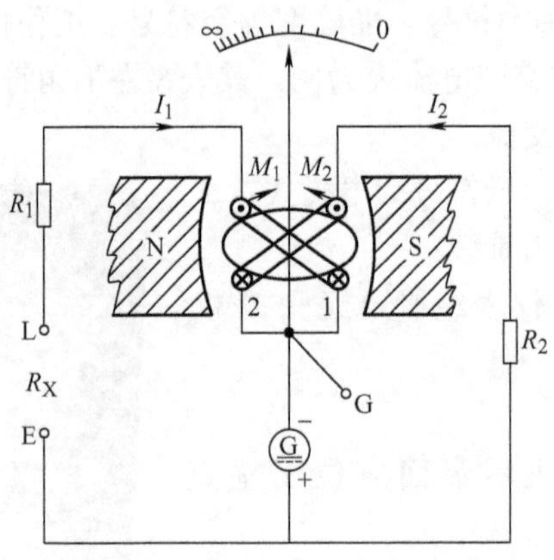

图 2-3-9　绝缘电阻表内部结构

r_1、r_2、R_1 和 R_2 为定值，R_X 为变量，所以改变 R_X 会引起比值 I_1/I_2 的变化。

由于线圈 1 与线圈 2 绕向相反，流入电流 I_1 和 I_2 后在永久磁场作用下，在两个线圈上分别产生两个方向相反的转距 T_1 和 T_2，由于气隙磁场不均匀，因此 T_1 和 T_2 既与对应的电流成正比又与其线圈所处的角度有关。当 $T_1 \neq T_2$ 时，指针发生偏转；直到 $T_1 = T_2$ 时，指针停止。指针偏转的角度只决定于 I_1 和 I_2 的比值，此时指针所指的是刻度盘上显示的被测设备的绝缘电阻值。

当E端与L端短接时，I_1为最大，指针顺时针方向偏转到最大位置，即“0”位置；当E、L端未接被测电阻时，R_X趋于无限大，$I_1=0$，指针逆时针方向转到“∞”的位置。该仪表结构中没有产生反作用力距的游丝，在使用之前，指针可以停留在刻度盘的任意位置。

（3）绝缘电阻表的使用

1）正确选用绝缘电阻表。

绝缘电阻表的额定电压应根据被测电气设备的额定电压来选择。测量500V以下的设备，选用500V或1000V的绝缘电阻表；额定电压在500V以上的设备，应选用1000V或2500V的绝缘电阻表；对于绝缘子、母线等要选用2500V或5000V的绝缘电阻表。

2）使用前检查绝缘电阻表是否完好。

① 将绝缘电阻表水平且平稳放置，检查指针偏转情况：将E、L两端开路，以约120r/min的转速摇动手柄，观测指针是否指到“∞”处。

② 然后将E、L两端短接，缓慢摇动手柄，观测指针是否指到“0”处，经检查完好才能使用，如图2-3-10所示。

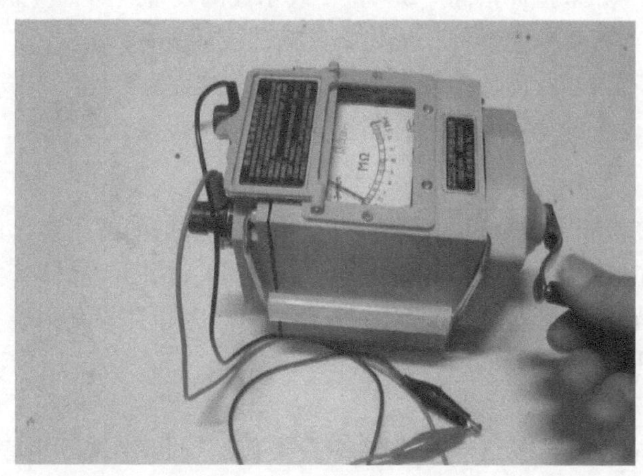

图2-3-10 绝缘电阻表短路试验

3）绝缘电阻表的使用方法。

① 绝缘电阻表放置平稳牢固，被测物表面擦干净，以保证测量正确。

② 正确接线。绝缘电阻表有三个接线柱：线路（L）、接地（E）、屏蔽（G），如图2-3-11所示。根据不同测量对象，做相应接线。测量线路对地绝缘电阻时，E端接地，L端接于被测线路上；测量电机或设备绝缘电阻时，E端接电机或设备外壳，L端接被测绕组的一端；测量电机或变压器绕组间绝缘电阻时，先拆除绕组间的连接线，将E、L端分别接于被测的两相绕组上；测量电缆绝缘电阻时，E端接电缆外表皮（铅套）上，L端接线芯，G端接芯线最外层绝缘层上。

③ 由慢到快摇动手柄，直到转速达120r/min左右，保持手柄的转速均匀、稳定，一般转动1min，待指针稳定后读数。

④ 测量完毕，待绝缘电阻表停止转动和被测物接地放电后方能拆除连接导线。

（4）注意事项

因绝缘电阻表本身工作时产生高压电，为避免人身及设备事故必须重视以下几点：

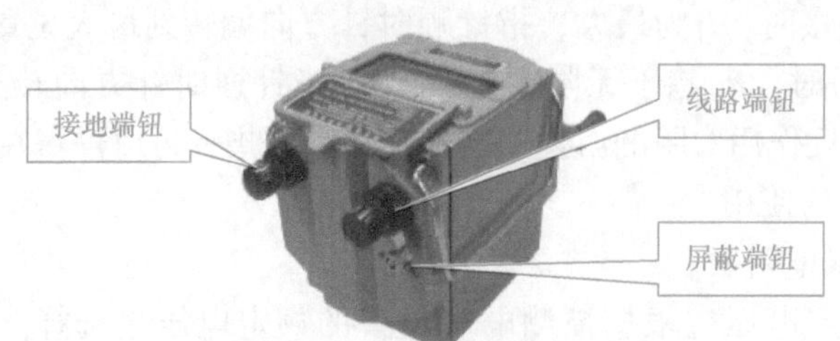

图 2-3-11　ZC25 型绝缘电阻表外形图

1）不能在设备带电的情况下测量其绝缘电阻。测量前被测设备必须切断电源和负载，并进行放电；已用绝缘电阻表测量过的设备如要再次测量时，也必须先接地放电。

2）绝缘电阻表测量时要远离大电流导体和外磁场。

3）与被测设备的连接导线应用绝缘电阻表专用测量线或选用绝缘强度高的两根单芯多股软线，两根导线切忌绞在一起，以免影响测量准确度。

4）测量过程中，如果指针指向“0”位，表示被测设备短路，应立即停止转动手柄。

5）被测设备中如有半导体器件，应先将其插件板拆去。

6）测量过程中不得触及设备的测量部分，以防触电。

7）测量电容性设备的绝缘电阻时，测量完毕，应对设备充分放电。

（三）万用表

万用表是一种多功能、多量程的便携式电工仪表，一般的万用表可以测量直流电流、直流电压、交流电压和电阻等。有些万用表还可测量电容、功率、晶体管共发射极直流放大系数等。所以万用表是电工必备的仪表之一。万用表可分为指针式万用表和数字式万用表。

（1）指针式万用表的结构和工作原理

1）指针式万用表的结构。

指针式万用表的型式很多，但基本结构是类似的。指针式万用表主要由表头、转换开关、测量电路、面板等组成。表头采用高灵敏度的磁电式结构，是测量的显示装置；转换开关用来选择被测电量的种类和量程；测量电路将不同性质和大小的被测电量转换为表头所能接受的直流电流。MF－47F 型万用表如图 2-3-12 所示，可以测量直流电流、直流电压、交流电压和电阻等多种电量。

图 2-3-12　MF－47F 型万用表

2）指针式万用表的工作原理。

指针式万用表测电阻时把转换开关拨到“Ω”档，使用内部电池做电源，由外接的被测电阻和表头部分组成闭合电路，形成的电流使表头的指针偏转。设被测电阻为 R_X，表内的总电阻为 R，形成的电流为 I，则 I 与 R_X 不成线性关系，所以表盘上电阻标度尺的刻度是不均匀的。电阻档的标度尺刻度是反向分度，即 $R_X=0$ 时，指针指向满刻度处；$R_X \to \infty$，指针指在表头机械零点上。电阻标度尺的刻度从右向左表示被测电阻逐渐增加，这与其他标度尺

正好相反，这在读数时应注意。

测量直流电流时把转换开关拨到“mA”档，此时从“+”端到“-”端所形成的测量电路实际上是一个直流电流表的测量电路。

测量直流电压时将转换开关拨到“—V”档，采用串联电阻分压的方法来扩大电压表量程。测量交流电压时，转换开关拨到“~V”档，用二极管VD整流，使交流电压变为直流电压，再进行测量。

MF-47F型万用表的实际测量电路较复杂，下面以测量直流电流和直流电压为例做简单介绍。MF-47F型万用表转换开关拨在“50mA”档，被测电流从“+”端口流入，经过熔断器FU和转换开关的触点后分成两路，回到“-”端口。当转换开关SA选择不同的直流电流档时，与表头串联的电阻值和并联的分流电阻值也随之改变，从而可以测量不同量程的直流电流。

MF-47F型万用表测量直流电压；当转换开关置于直流电压档时，与表头电路串联的电阻为R_1，当转换开关置于直流电压高档时，与表头线路串联的电阻为（R_1+R_2），串联电阻的增大使测量直流电压的量程扩大。选择不同的直流电压档可改变电压表的量程。

（2）指针式万用表的使用

1）准备工作。

由于万用表种类型式很多，在使用前要做好测量的准备工作：

① 熟悉转换开关、旋钮、插孔等的作用。

② 了解刻度盘上每条刻度线所对应的被测电量。

③ 检查红色和黑色两根表笔所接的位置是否正确，红表笔插入“+”插孔，黑表笔插入“-”插孔，有些万用表另有交直流2500V高压测量端，在测高压时黑表笔不动，将红表笔插入高压插口。

④ 机械调零。旋动万用表面板上的机械零位调整螺钉，使指针对准刻度盘左端的“0”位置。

2）测量直流电压。

① 把转换开关拨到直流电压档，并选择合适的量程。当被测电压数值范围不清楚时，可先选用较高的测量范围档，再逐步选用低档，测量的读数最好选在满刻度的2/3处附近。

② 把万用表并接到被测电路上，红表笔接被测电路的高电位端，黑表笔接被测电路的低电位端，不能接反。

③ 根据指针稳定时的位置及所选量程，正确读数。

3）测量交流电压。

① 把转换开关拨到交流电压档，选择合适的量程。

② 将万用表两根表笔并接在被测电路的两端，不分正负极。

③ 根据指针稳定时的位置及所选量程，正确读数。其读数为交流电压的有效值。

4）测量直流电流。

① 把转换开关拨到直流电流档，选择合适的量程。

② 将被测电路断开，万用表串接于被测电路中。注意正、负极性：电流从红表笔流入，从黑表笔流出，不可接反。

③ 根据指针稳定时的位置及所选量程，正确读数。

5）用万用表测量电压或电流时的注意事项。

① 测量时，不能用手触摸表笔的金属部分，以保证安全和测量的准确性。

② 测直流量时要注意被测电量的极性，避免指针反打而损坏表头。

③ 测量较高电压或大电流时，不能带电转动转换开关，避免转换开关的触点产生电弧而被损坏。

④ 测量完毕后，将转换开关置于交流电压最高档或空档。

6）测量电阻。

① 把转换开关拨到欧姆档，合理选择量程。

② 两表笔短接，进行电调零，即转动零欧姆调节旋钮，使指针打到电阻刻度右边的“0”处。

③ 将被测电阻脱离电源，用两表笔接触电阻两端，从表头指针显示的读数乘所选量程的倍率数即为所测电阻的阻值。如选用×100 档测量，指针指示 40，则被测电阻值为：$40\times100\Omega=4000\Omega=4k\Omega$。

7）用万用表测量电阻时的注意事项。

① 不允许带电测量电阻，否则会烧坏万用表。

② 万用表内干电池的正极与面板上“－”号插孔相连，干电池的负极与面板上的“＋”号插孔相连。在测量电解电容和晶体管等元器件的电阻时要注意极性。

③ 每换一次倍率档，要重新进行电调零。

④ 不允许用万用表电阻档直接测量高灵敏度表头内阻，以免烧坏表头。

⑤ 不准用两只手捏住表笔的金属部分测电阻，否则会将人体电阻并接于被测电阻而引起测量误差。

⑥ 测量完毕，将转换开关置于交流电压最高档或空档。

（四）钳形电流表

钳形电流表简称钳形表，其工作部分主要由一只电磁式电流表和穿心式电流互感器组成。穿心式电流互感器铁心制成活动开口，且成钳形，故名钳形电流表，是一种不需断开电路就可直接测电路交流电流的携带式仪表，在电气检修中使用非常方便，应用相当广泛，如图 2-3-13 所示。

（1）结构及原理

钳形电流表实质上是由一只铁心可开可闭口的电流互感器和一只整流式磁电系电流表所组成。钳型电流表的工作原理和变压器一样。一次线圈就是穿过钳形铁心的导线，相当于 1 匝的变压器的一次线圈，这是一个升压变压器。二次线圈和测量用的电流表构成二次回路。当导线有交流电流通过时，就是这一匝线圈产生了交变磁场，在二次回路中产生了感应电流，电流的大小和一次电流的比例，相当于一次线圈和二次线圈的匝数的反比。钳形电流表可用于测量较大电流，如果电流不够大，可以将一次线圈在通过钳形电流表时再增加圈数，同时将测得的电流数除以圈数。旋钮实际上是一个量程选择开关，扳机的作用是开合穿心式互感器铁心的可动部分，以便使其钳入被测导线。测

图 2-3-13　钳形电流表

量电流时，按动扳机，打开钳口，将被测载流导线置于穿心式电流互感器的中间，当被测导线中有交变电流通过时，交流电流的磁通在互感器二次线圈中感应出电流，该电流通过电流表，使表针发生偏转，在表盘标度尺上指出被测电流值。将被测导线放入窗口后，要注意钳口的两个面有良好的吻合，不能让其他物体夹在中间；钳形电流表的最小量程是5A，当测量较小电流时显示误差会较大。

（2）使用方法

1）测量前要机械调零。

2）选择合适的量程，先选大，后选小量程或看铭牌值估算。

3）当使用最小量程测量，其读数还不明显时，可将被测导线绕几匝，匝数要以钳口中央的匝数为准。

4）测量完毕，要将转换开关放在最大量程处。

5）测量时，应使被测导线处在钳口的中央，并使钳口闭合紧密，以减少误差，如图2-3-14所示。

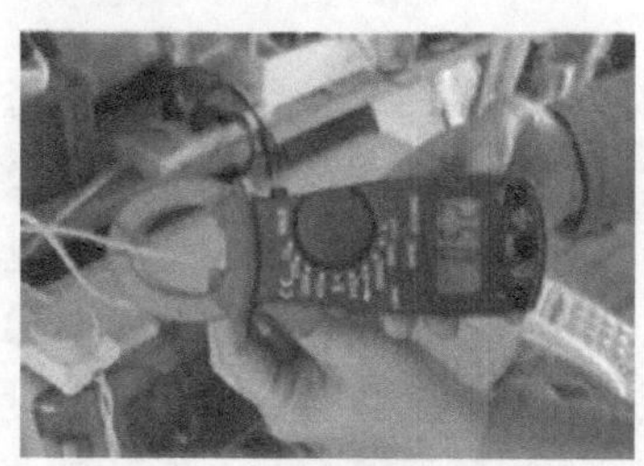
图2-3-14　钳形电流表的使用

（3）钳形电流表的使用注意事项

钳形电流表使用注意事项如下：

1）使用高压钳形电流表时应注意钳形电流表的电压等级，严禁用低压钳形电流表测量高电压回路的电流。用高压钳形电流表测量时，应由两人操作，非值班人员测量还应填写第二种工作票，测量时应戴绝缘手套，站在绝缘垫上，不得触及其他设备，以防止短路或接地。

2）观测表计时，要特别注意保持头部与带电部分的安全距离，人体任何部分与带电体的距离不得小于钳形表的整个长度。

3）在高压回路上测量时，禁止用导线从钳形电流表另接表计测量。测量高压电缆各相电流时，电缆头线间距离应在300mm以上，且绝缘良好，待认为测量方便时，方能进行。

4）测量低压熔断器或水平排列低压母线电流时，应在测量前将各相熔丝或母线用绝缘材料加以保护隔离，以免引起相间短路。

5）当电缆有一相接地时，严禁测量。防止出现因电缆头的绝缘水平低发生对地击穿爆炸而危及人身安全。

6）钳形电流表测量结束后把开关拨至最大程档，以免下次使用时不慎过电流，并应保存在干燥的室内。

2.4　电梯维护保养的重要性、特点及工作要求

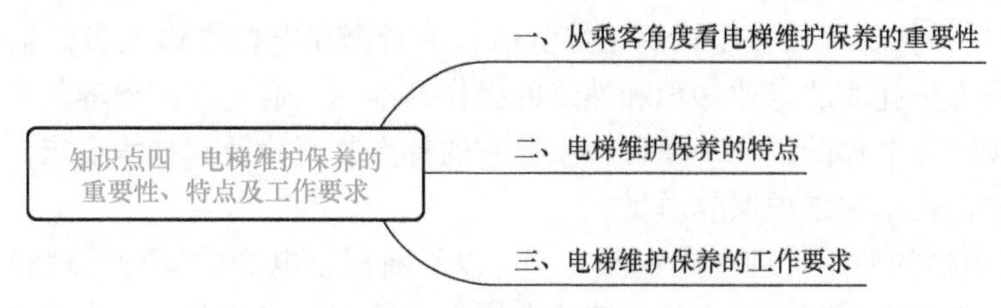

电梯是高层建筑中不可缺少的交通工具。从以蒸汽作为动力的载人升降机问世至今，电梯经历了近一个半世纪的发展，现已进入更加安全、可靠、舒适、高效、节能、低噪声及智能化的新阶段。在今天的都市里，电梯与人们的工作、生活和生产的关系越来越密切。人们总希望电梯能以其特有的垂直运输方式，向他们提供安全、快速、舒适的服务。要做到这一点，除了电梯的设计、制造、安装环节外，更重要的是做好投入使用后的日常维护保养和定期检修，使电梯始终保持其应有的性能和良好的运行状态。

电梯是以人为主要服务对象的垂直运输工具，要求做到服务良好、安全运行，需要进行日常保养和定期检修。能否做好使用过程中的维护保养，在一定程度上取决于对其重要性及特点的认识。下面先从乘客的角度概述电梯维护保养的重要性，进而对其特点予以分析，并提出做好维护保养的工作要求。

一、从乘客角度看电梯维护保养的重要性

电梯的性能和运行状态是否良好，影响着电梯的使用效率和服务质量，关系到乘客的安全。所以，乘客在乘电梯时，极为关注电梯的运行状态和保养状况。

在现代化的宾馆、饭店，电梯是仅次于供电、供水、供热和空调系统之后处于第五位的重要设备。在非空调季节，电梯的服务处于第四位。对于新住店的客人，电梯又成为他们在饭店建筑外观和公共场所服务设施之后注意的第三个方面。当客人来到候梯厅时，他们所关心的是电梯要等多久，有的客人还会不时移动脚步，观察哪一部电梯能先到站。进入轿厢后，他们很注意选层按钮是否好用，轿厢照明是否完好，关门噪声是否大，轿厢运行是否平稳、舒适。如果按钮不灵敏、轿厢关门噪声大、运行不平稳或平层不好，即使电梯很安全，客人也会在心理上感到不安。甚至轿厢内清洁状况不好，也会影响客人对电梯整个系统的印象，进而影响饭店的形象和声誉。

在商场、办公楼和住宅楼等电梯使用场所，乘梯者也会以饭店住店客人的心理关注电梯的保养状况。乘客的观察和评价，无疑对重视和加强电梯的维护保养是一种启示。

电梯安全是靠“三分造、七分养”，由此可看出维护保养的重要性，其意义主要体现在以下几个方面：

1）可以保持电梯应有的性能和良好的工作状态，提高服务质量。

2）通过日常检查维护，能够及时发现运行故障，排除事故隐患，实现电梯安全可靠地运行，避免事故发生。

3）有利于延长电梯的使用寿命，节约维修费用和建设资金。电梯是建筑物中的重要设备之一，其购置费和安装费在工程造价中占有相当大的比例，并且每年还需要一定的维护费用。维护保养好的电梯，不仅可以延长大修周期，减少修理费用，而且可延长电梯的使用寿命，节约建筑物的资金投入。

4）有助于在维护保养工作中锻炼维修队伍，不断提高电梯维修人员的素质。维护保养电梯，需要维修人员扎实的专业知识和熟练的操作基本功。通过维护保养的实践，维修人员可以从中进一步熟悉电梯的结构、原理，掌握它的特点、规律及其技术要求，培养熟练的操作技能，提高工作效率和维护保养质量。

5）通过对电梯的使用管理和维护保养，可以不断积累电梯的运行管理经验，并将电梯在设计、制造、安装方面存在的不足反馈给电梯生产厂家和安装单位，有利于加强电梯产品

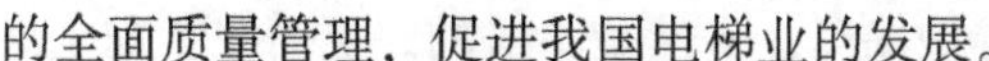

的全面质量管理，促进我国电梯业的发展。

二、电梯维护保养的特点

电梯结构复杂，控制环节多，安全可靠性要求高，且有相当一部分零部件安装在封闭的井道里，增加了维护保养的难度。

（一）检查部件分散

电梯的各组成部件，除机房部分安装比较集中外，其余大部分组成部件是分散安装在电梯专用井道、底坑及各层站的。因此，对电梯的日常检查和维护，往往存在易巡视部位做得多、不易巡视部位做得少的问题，有的甚至是出了故障才去处理。要知道，电梯在运行过程中，每一个转动部件都存在着磨损；每一个紧固部件都可能出现松动、易位；每一个电气触点因频繁动作而有可能出现接触不良或粘连等。这些隐患如果不能及时检查、发现并处理，必将使电梯运行的故障率升高，从而诱发事故。所以，电梯的日常维护保养，既要注意易巡视和操作方便的部位，更要重视不易巡视、操作难度大的部位，使电梯的日常维护保养真正建立在全方位的基础上。

（二）维护保养工作量大

电梯的运行故障大多源于组成部件脏污、润滑不良，以及配合间隙和相对位置因紧固螺栓松动、磨损等而发生变化。这是因为：

1）电梯的大部分部件安装在井道、底坑及轿厢外部，且不具备良好的密封条件，极易被井道里对流空气带入的灰尘沾染。轿门和层门地坎、滑轨、吊门轮和滑块及门锁等部件因乘客的频繁进出、空气中的尘埃和地毯中的细纤维等污染得更快，造成机构动作受阻，电气触点接触不良。

2）电梯在运行过程中，由于频繁的起停和换向运行所产生的冲击力，使转动部件的磨损加快，如轴承的磨损、制动带的磨损、蜗轮蜗杆的啮合面磨损、曳引轮轮槽与曳引绳的磨损、导靴靴衬的磨损及门机系统、门锁、吊门轮和滑块的磨损等。除制动带和导靴靴衬易损件需定期更换外，各机械部件都必须保持良好的润滑，以避免转动部件的直接摩擦。有的电梯之所以出现“抱轴”、断轴事故，均因无润滑所致。

3）组成电梯的构件多达几十种，这些构件因频繁动作受力，往往易出现紧固部件松动，致使构件动作难以准确到位而出现运行故障。为了使构件正常工作，必须定期检查其配合间隙和相对位置的精度，及时紧固松动的零部件，更换已磨损严重的构件。

由此可以看出，电梯的日常维护保养，主要是做好清洁保养、润滑保养和调整紧固这三项工作。这些基础性的保养工作在电梯的全部维护保养中占有相当大的比例，可以说电梯的日常维护保养是保证电梯安全正常运行的关键。实践证明，只要坚持做好这三项基础性的维护保养工作，电梯运行可靠性就会大大提高，故障率也随之明显降低，就可以使电梯保持一个较好的运行状态，发挥应有的功能。

（三）安全可靠性要求高

电梯的主要服务对象是人，它接受人的指令，完成对人的服务。因此，维护保养电梯，必须以保证电梯安全运行为宗旨。尽管现代电梯设置了多种安全保护装置，但这只是电梯在运行中一旦出现意外情况，为避免事故发生而采取的保护措施。如果把电梯的安全运行建立在仅仅依靠其安全装置的保护上，而放松全面的维护保养，显然是不对的。更何况，安全保护装置本身就存在日常检查维护和定期试验的问题。事实上，电梯在频繁使用过程中，正常的磨损不可避免，关键是要及时发现、及时维修，否则，磨损必将由量变到质变，加速机件的损坏，故障率将会明显升高，而故障的出现意味着事故隐患的存在。

(四) 机电结合紧密性强

电梯是机械与电气紧密结合且技术含量较高的复杂机器。它在运行过程中的反复起动、升降和停车平层、开关门以及异常情况下的安全保护，都是在电气系统的控制下完成的。多构件的有机组合与复杂的电气线路的密切结合是电梯产品的突出特点之一。因此，无论是在正常的维护保养工作中，还是在分析排除运行故障时，都必须从构件的相互关系和电气的相关控制环节两方面进行。忽视任何一个环节都不可能做好电梯的维护保养，也不利于迅速排除故障，使电梯保持良好的运行状态。

三、电梯维护保养的工作要求

(一) 电梯规范化使用管理

对于使用单位来讲，任何设备从选购的方案论证开始，就已进入了设备管理阶段；从设备投入使用之日起，就存在着维护保养问题。从前面对电梯维护保养特点的分析可以看出，要想维护保养好电梯，必须做到五个坚持。

(1) 坚持日常巡视检查制度

通过对电梯运行状态的走动式监视，掌握各主要部位的润滑、温升、运转声音、仪表指示和信号显示的实际状况，及时排除异常现象，对电梯的运行状态做到心中有数。

(2) 坚持定期维护保养制度

根据电梯各部位的工作特点和保养要求，按半月、季度、半年、年度的方式，进行有针对性的清洁、润滑、调整和必要的紧固、修理，使电梯保持良好的工作状态。

(3) 坚持计划性检修制度

根据电梯的日常保养状况和使用频繁程度，确定大、中修的项目和时间。对电梯各部位进行分解、清洗、检查、修理，更换磨损严重已不能继续使用和老化的零部件、元器件，使电梯达到应有的技术性能和工作状态，延长电梯的使用寿命。

(4) 坚持年度安全技术检验制度

通过每年一次由当地政府主管部门对电梯的安全系统和整体性能的全面规范性检验，对存在的问题及时整改，以确保电梯使用安全。

(5) 坚持规范化的使用管理制度

安全使用管理、技术档案管理、维修人员和电梯司机的专业培训考核等，必须规范，有章可循。电梯维修人员应保持相对稳定。

以上五项制度的内容，对服务于乘客的电梯用户，一般都能认真坚持执行，做到管理机构、维修管理人员、管理制度、实施措施“四落实”；而对电梯数量少，以自用为主的电梯用户，则往往不能很好地坚持。在电梯投入使用的前期阶段，安装单位通常有一年的保修期，有的就以此来维持电梯的运行，而不注意培养自己的维修人员。有的还采取委托有资质证的专业安装队伍进行承包维修的方式。无论采用何种形式的维护保养，都不可忽视上述制

度的落实，从而使电梯的运行建立在正常维护保养的基础上。

（二）电梯使用管理与维护保养制度

为规范电梯日常管理，确保电梯的安全运行，减少故障、提高运行质量和效率，必须建立电梯维护保养制度。

1）维护保养单位对其维护保养电梯的安全性能负责。对新承担维护保养的电梯是否符合安全技术规范要求应当进行确认，维护保养后的电梯应当符合相应的安全技术规范，并且处于正常的可用运行状态。

2）维护保养单位应当履行下列职责：

① 按照《电梯使用管理与维护保养规则》及其有关安全技术规范以及电梯产品安装使用维护说明书的要求，制定维护保养方案，确保其维护保养电梯的安全性能。

② 制定应急措施和救援预案，每半年至少针对本单位维护保养的不同类别（类型）的电梯进行一次应急演练。

③ 设立24h维护保养值班电话，保证接到故障通知后及时予以排除，接到电梯困人故障报告后，维修人员及时抵达维护保养电梯所在地实施现场救援，直辖市或者市区的抵达时间不超过30min，其他地区一般不超过1h。

④ 对电梯发生的故障等情况，及时进行详细记录。

⑤ 建立每部电梯的维护保养记录，并且归入电梯技术档案，档案至少保存4年。

⑥ 协助使用单位制定电梯的安全管理制度和应急救援预案。

⑦ 对承担维护保养的作业人员进行安全教育与培训，按照特种设备作业人员考核要求，组织取得具有电梯维修项目的《特种设备作业人员证》的作业人员进行培训和考核，培训和考核记录存档备查。

⑧ 每年度至少进行1次自行检查，自行检查在特种设备检验检测机构进行定期检验之前进行，自行检查项目根据电梯使用状况情况决定，但是不少于本规则年度维护保养和电梯定期检验规定的项目及其内容，并且向使用单位出示具有自行检查和审核人员的签字、加盖维护保养单位公章或者其他专用章的自行检查记录或者报告。

⑨ 安排维护保养人员配合特种设备检验检测机构进行电梯的定期检验。

⑩ 在维护保养过程中，发现事故隐患及时告知电梯使用单位；发现严重事故隐患，及时向当地质量技术监督部门报告。

3）电梯的维护保养分为半月、季度、半年、年度维护保养。维护保养单位应当依据各附件的要求，按照安装使用维护说明书的规定，并且根据所保养电梯使用的特点，制订合理的保养计划与方案，对电梯进行清洁、润滑、检查、调整，更换不符合要求的易损件，使电梯达到安全要求，保证电梯能够正常运行。

现场维护保养时，如果发现电梯存在的问题需要通过增加维护保养项目（内容）予以解决的，应当相应增加并及时调整保养计划与方案。如果通过维护保养或者自行检查，发现电梯仅依靠合同规定的维护保养项目（内容）已经不能保证安全运行，需要改造、维修或者更换零部件、更新电梯时，应当向使用单位书面提出。

4）维护保养单位进行电梯维护保养时，应当进行记录。记录至少应包括以下内容：

① 电梯的基本情况和技术参数，包括整机制造、安装、改造、重大维修单位名称，电梯品种（形式），产品编号，设备代码，电梯原型号或者改造后的型号，电梯基本技术

参数。

② 使用单位、使用地点、使用单位内编号。

③ 维护保养单位、维护保养日期、维护保养人员（签字）。

④ 电梯维护保养的项目（内容），进行的维护保养工作，达到的要求，发生调整、更换易损件等工作时的详细记载。维护保养记录应当经使用单位安全管理人员签字确认。

5）维护保养记录中的电梯基本技术参数主要包括以下内容：

① 曳引或者强制式驱动乘客电梯、载货电梯（以下分别简称乘客电梯、载货电梯）包括驱动方式、额定载重量、额定速度及层站数。

② 液压电梯包括额定载重量、额定速度、层站数、油缸数量及顶升形式。

③ 杂物电梯包括驱动方式、额定载重量、额定速度及层站数。

④ 自动扶梯和自动人行道包括倾斜角度、额定速度、提升高度、梯级宽度、主机功率及使用区段长度（自动人行道）。

6）维护保养单位的质量检验（查）人员或者管理人员应当对电梯的维护保养质量进行不定期检查，并且进行记录。

2.5 电梯维护保养规范要求

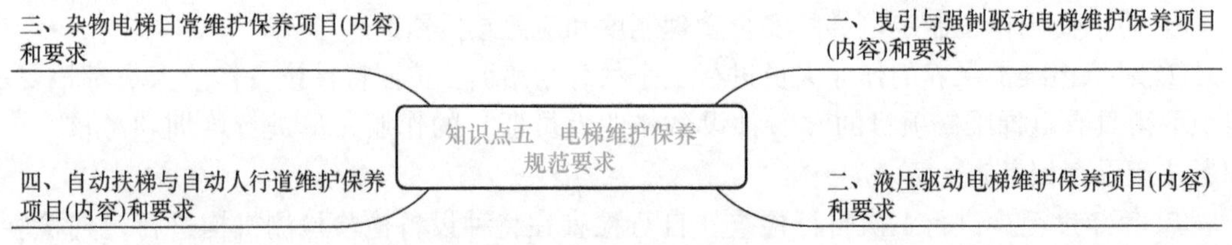

一、曳引与强制驱动电梯维护保养项目（内容）和要求

（一）半月维护保养项目（内容）和要求

半月维护保养项目（内容）和要求见表2-5-1。

表2-5-1　半月维护保养项目（内容）和要求

序号	维护保养项目（内容）	维护保养基本要求
1	机房、滑轮间环境	清洁，门窗完好，照明正常
2	手动紧急操作装置	齐全，在指定位置
3	曳引机	运行时无异常振动和异常声响
4	制动器各销轴部位	动作灵活
5	制动器间隙	打开时制动衬与制动轮不应发生摩擦，间隙值符合制造单位要求
6	制动器作为轿厢意外移动保护装置制停子系统时的自监测	制动力人工方式检测符合使用维护说明书要求；制动力自监测系统有记录
7	编码器	清洁，安装牢固
8	限速器各销轴部位	润滑，转动灵活，电气开关正常

（续）

序号	维护保养项目（内容）	维护保养基本要求
9	层门和轿门旁路装置	工作正常
10	紧急电动运行	工作正常
11	轿顶	清洁，防护拦安全可靠
12	轿顶检修开关、停止装置	工作正常
13	导靴上油杯	吸油毛毡齐全，油量适宜，油杯无泄漏
14	对重/平衡重块及其压板	对重/平衡重块无松动，压板紧固
15	井道照明	齐全，正常
16	轿厢照明、风扇、应急照明	工作正常
17	轿厢检修开关、停止装置	工作正常
18	轿内报警装置、对讲系统	工作正常
19	轿内显示、指令按钮、IC 卡系统	齐全、有效
20	轿门防撞击保护装置（安全触板、光幕、光电等）	功能有效
21	轿门门锁电气触点	清洁，触点接触良好，接线可靠
22	轿门运行	开启和关闭工作正常
23	轿厢平层准确度	符合标准值
24	层站召唤、层楼显示	齐全，有效
25	层门地坎	清洁
26	层门自动关门装置	正常
27	层门门锁自动复位	用层门钥匙打开手动开锁装置，释放后，层门门锁能自动复位
28	层门门锁电气触点	清洁，触点接触良好，接线可靠
29	层门锁紧元件啮合长度	不小于 7mm
30	底坑环境	清洁，无渗水、积水，照明正常
31	底坑停止装置	工作正常

（二）季度维护保养项目（内容）和要求

季度维护保养项目（内容）和要求除符合表 2-5-1 的要求外，还应当符合表 2-5-2 的要求。

表 2-5-2　季度维护保养项目（内容）和要求

序号	维护保养项目（内容）	维护保养基本要求
1	减速机润滑油	油量适宜，除蜗杆伸出端外均无渗漏
2	制动衬	清洁，磨损量不超过制造单位要求
3	编码器	工作正常
4	选层器动静触点	清洁，无烧蚀
5	曳引轮槽、悬挂装置	清洁，钢丝绳无严重油腻，张力均匀，符合制造单位要求

（续）

序号	维护保养项目（内容）	维护保养基本要求
6	限速器轮槽、限速器钢丝绳	清洁，无严重油腻
7	靴衬、滚轮	清洁，磨损量不超过制造单位要求
8	验证轿门关闭的电气安全装置	工作正常
9	层门、轿门系统中传动钢丝绳、链条、胶带	按照制造单位要求进行清洁、调整
10	层门门导靴	磨损量不超过制造单位要求
11	消防开关	工作正常，功能有效
12	耗能缓冲器	电气安全装置功能有效，油量适宜，柱塞无锈蚀
13	限速器张紧轮装置和电气安全装置	工作正常

（三）半年维护保养项目（内容）和要求

半年维护保养项目（内容）和要求除符合表 2-5-2 的要求外，还应当符合表 2-5-3 的要求。

表 2-5-3　半年维护保养项目（内容）和要求

序号	维护保养项目（内容）	维护保养基本要求
1	电动机与减速机联轴器螺栓	连接无松动，弹性元件外观良好，无老化等现象
2	驱动轮、导向轮轴承部	无异常声，无振动，润滑良好
3	曳引轮槽	磨损量不超过制造单位要求
4	制动器动作状态监测装置	工作正常，制动器动作可靠
5	控制柜内各接线端子	各接线紧固、整齐，线号齐全清晰
6	控制柜各仪表	显示正确
7	井道、对重、轿顶各反绳轮轴承部	无异常声响，无振动，润滑良好
8	悬挂装置、补偿绳	磨损量、断丝数不超过要求
9	绳头组合	螺母无松动
10	限速器钢丝绳	磨损量、断丝数不超过制造单位要求
11	层门、轿门门扇	门扇各相关间隙符合标准值
12	轿门开门限制装置	工作正常
13	对重缓冲距离	符合标准值
14	补偿链（绳）与轿厢、对重接合处	固定、无松动
15	上下极限开关	工作正常

（四）年度维护保养项目（内容）和要求

年度维护保养项目（内容）和要求除符合表 2-5-3 的要求外，还应当符合表 2-5-4 的要求。

表 2-5-4 年度维护保养项目（内容）和要求

序号	维护保养项目（内容）	维护保养基本要求
1	减速机润滑油	按照制造单位要求适时更换，保证油质符合要求
2	控制柜接触器、继电器触点	接触良好
3	制动器铁心（柱塞）	进行清洁、润滑、检查，磨损量不超过制造单位要求
4	制动器	符合制造单位要求，保持有足够的制动力，必要时进行轿厢装载 125% 额定载重量的制动试验
5	导电回路绝缘性能测试	符合标准
6	限速器安全钳联动试验（对于使用年限不超过 15 年的限速器，每 2 年进行一次限速器动作速度校验；对于使用年限超过 15 年的限速器，每年进行一次限速器动作速度校验）	工作正常
7	上行超速保护装置动作试验	工作正常
8	轿厢意外移动保护装置动作试验	工作正常
9	轿顶、轿厢架、轿门及其附件安装螺栓	紧固
10	轿厢和对重/平衡重的导轨支架	固定，无松动
11	轿厢和对重/平衡重的导轨	清洁，压板牢固
12	随行电缆	无损伤
13	层门装置和地坎	无影响正常使用的变形，各安装螺栓紧固
14	轿厢称重装置	准确有效
15	安全钳钳座	固定，无松动
16	轿底各安装螺栓	紧固
17	缓冲器	固定，无松动

注意：

1）如果某些电梯没有表中的项目（内容），如有的电梯不含有某种部件，项目（内容）可进行适当调整。

2）维护保养项目（内容）和要求中对测试、试验有明确规定的，应当按照规定进行测试、试验，没有明确规定，一般为检查、调整、清洁和润滑。

3）维护保养基本要求中，规定为“符合标准值”的，是指符合对应的国家标准、行业标准和制造单位要求。

4）维护保养基本要求，规定为“制造单位要求”的，按照制造单位的要求，其他没有明确的“要求”，应当为安全技术规范、标准或者制造单位等的要求。

二、液压驱动电梯维护保养项目（内容）和要求

（一）半月维护保养项目（内容）和要求

半月维护保养项目（内容）和要求见表 2-5-5。

表 2-5-5　半月维护保养项目（内容）和要求

序号	维护保养项目（内容）	维护保养基本要求
1	机房环境	清洁，室温符合要求，门窗完好，照明正常
2	机房内手动泵操作装置	齐全，在指定位置
3	油箱	油量、油温正常，无杂质、无漏油现象
4	电动机	运行时无异常振动和异常声响
5	层门和轿门旁路装置	工作正常
6	阀、泵、消音器、油管、表、接口等部件	无漏油现象
7	编码器	清洁，安装牢固
8	轿顶	清洁，防护栏安全可靠
9	轿顶检修开关、急停开关	工作正常
10	导靴上油杯	吸油毛毡齐全，油量适宜，油杯无泄漏
11	井道照明	齐全，正常
12	限速器各销轴部位	润滑，转动灵活，电气开关正常
13	轿厢照明、风扇、应急照明	工作正常
14	轿厢检修开关、停止装置	工作正常
15	轿内报警装置、对讲系统	正常
16	轿内显示、指令按钮	齐全，有效
17	轿门防撞击保护装置（安全触板、光幕、光电等）	功能有效
18	轿门门锁触点	清洁，触点接触良好，接线可靠
19	轿门运行	开启和关闭工作正常
20	轿厢平层准确度	符合标准值
21	层站召唤、层楼显示	齐全，有效
22	层门地坎	清洁
23	层门自动关门装置	正常
24	层门门锁自动复位	用层门钥匙打开手动开锁装置，释放后，层门门锁能自动复位
25	层门门锁电气触点	清洁，触点接触良好，接线可靠
26	层门锁紧元件啮合长度	不小于 7mm
27	底坑	清洁，无渗水、积水，照明正常
28	底坑急停开关	工作正常
29	液压柱塞	无漏油，运行顺畅，柱塞表面光滑
30	井道内液压油管、接口	无漏油

（二）季度维护保养项目（内容）和要求

季度维护保养项目（内容）和要求除符合表 2-5-5 的要求外，还应当符合表 2-5-6 的要求。

表 2-5-6 季度维护保养项目（内容）和要求

序号	维护保养项目（内容）	维护保养基本要求
1	安全溢流阀（在油泵与单向阀之间）	其工作压力不得高于满负荷压力的170%
2	手动下降阀	通过下降阀动作，轿厢能下降；系统压力小于该阀最小操作压力时，手动操作应无效（间接式液压电梯）
3	手动泵	通过手动泵动作，轿厢被提升；相连接的溢流阀工作压力不得高于满负荷压力的2.3倍
4	油温监控装置	功能可靠
5	限速器轮槽、限速器钢丝绳	清洁，无严重油腻
6	验证轿门关闭的电气安全装置	工作正常
7	轿厢侧靴衬、滚轮	磨损量不超过制造单位要求
8	柱塞侧靴衬	清洁，磨损量不超过制造单位要求
9	层门、轿门系统中传动钢丝绳、链条、胶带	按照制造单位要求进行清洁、调整
10	层门门导靴	磨损量不超过制造单位要求
11	消防开关	工作正常，功能有效
12	耗能缓冲器	电气安全装置功能有效，油量适宜，柱塞无锈蚀
13	限速器张紧轮装置和电气安全装置	工作正常

（三）半年维护保养项目（内容）和要求

半年维护保养项目（内容）和要求除应符合表2-5-6的要求外，还应当符合表2-5-7的要求。

表 2-5-7 半年维护保养项目（内容）和要求

序号	维护保养项目（内容）	维护保养基本要求
1	控制柜内各接线端子	各接线紧固，整齐，线号齐全清晰
2	控制柜	各仪表显示正确
3	导向轮	轴承部无异常声
4	驱动钢丝绳	磨损量、断丝数未超过要求
5	驱动钢丝绳绳头组合	螺母无松动
6	限速器钢丝绳	磨损量、断丝数不超过制造单位要求
7	柱塞限位装置	符合要求
8	上下极限开关	工作正常
9	柱塞、消音器放气操作	符合要求

（四）年度维护保养项目（内容）和要求

年度维护保养项目（内容）和要求除应符合表2-5-7的要求外，还应当符合表2-5-8的要求。

表 2-5-8　年度维护保养项目（内容）和要求

序号	维护保养项目（内容）	维护保养基本要求
1	控制柜接触器、继电器触点	接触良好
2	动力装置各安装螺栓	紧固
3	导电回路绝缘性能测试	符合标准值
4	限速器安全钳联动试验（每 2 年进行一次限速器动作速度校验）	工作正常
5	随行电缆	无损伤
6	层门装置和地坎	无影响正常使用的变形，各安装螺栓紧固
7	轿顶、轿厢架、轿门及附件安装螺栓	紧固
8	轿厢称重装置	准确有效
9	安全钳钳座	固定、无松动
10	轿厢及油缸导轨支架	牢固
11	轿厢及油缸导轨	清洁，压板牢固
12	轿底各安装螺栓	紧固
13	缓冲器	固定，无松动
14	轿厢沉降试验	符合标准值

三、杂物电梯日常维护保养项目（内容）和要求

（一）半月维护保养项目（内容）和要求

半月维护保养项目（内容）和要求见表 2-5-9。

表 2-5-9　半月维护保养项目（内容）和要求

序号	维护保养项目（内容）	维护保养基本要求
1	机房、通道环境	清洁，门窗完好，照明正常
2	手动紧急操作装置	齐全，在指定位置
3	驱动主机	运行时无异常振动和异常声响
4	制动器各销轴部位	润滑，动作灵活
5	制动器间隙	打开时制动衬与制动轮不应发生摩擦
6	限速器各销轴部位	润滑、转动灵活，电气开关正常
7	轿顶	清洁
8	轿顶停止装置	工作正常
9	导靴上油杯	吸油毛毡齐全，油量适宜，油杯无泄漏
10	对重/平衡重块及压板	对重/平衡重块无松动，压板紧固
11	井道照明	齐全、正常
12	轿门门锁触点	清洁，触点接触良好，接线可靠
13	层站召唤、层楼显示	齐全、有效

（续）

序号	维护保养项目（内容）	维护保养基本要求
14	层门地坎	清洁
15	层门门锁自动复位	用层门钥匙打开手动开锁装置，释放后，层门门锁能自动复位
16	层门门锁电气触点	清洁，触点接触良好，接线可靠
17	层门锁紧元件啮合长度	不小于5mm
18	层门门导靴	无卡阻，滑动顺畅
19	底坑环境	清洁，无渗水、积水，照明正常
20	底坑急停开关	工作正常

（二）季度维护保养项目（内容）和要求

季度维护保养项目（内容）和要求除符合表2-5-9的要求外，还应当符合表2-5-10的要求。

表2-5-10　季度维护保养项目（内容）和要求

序号	维护保养项目（内容）	维护保养基本要求
1	减速机润滑油	油量适宜，除蜗杆伸出端外均无渗漏
2	制动衬	清洁，磨损量不超制造单位要求
3	曳引轮槽、曳引钢丝绳	清洁，无严重油腻，张力均匀
4	限速器轮槽、限速器钢丝绳	清洁，无严重油腻
5	靴衬	清洁，磨损量不超过制造单位要求
6	层门、轿门系统中传动钢丝绳、链条、传动带	按照制造单位要求进行清洁、调整
7	层门门导靴	磨损量不超过制造单位要求
8	限速器张紧轮装置和电气安全装置	工作正常

（三）半年维护保养项目（内容）和要求

半年维护保养项目（内容）和要求除符合表2-5-10的要求外，还应当符合表2-5-11的要求。

表2-5-11　半年维护保养项目（内容）和要求

序号	维护保养项目（内容）	维护保养基本要求
1	电动机与减速机联轴器螺栓	无松动，弹性元件外观良好，无老化等现象
2	曳引轮、导向轮轴承部	无异常声响，无振动，润滑良好
3	制动器上检测开关	工作正常，制动器动作可靠
4	控制柜内各接线端子	各接线紧固、整齐，线号齐全清晰
5	控制柜各仪表	显示正确
6	悬挂装置、补偿绳	磨损量、断丝数不超过要求

（续）

序号	维护保养项目（内容）	维护保养基本要求
7	绳头组合	螺母无松动
8	限速器钢丝绳	磨损量、断丝数不超过制造单位要求
9	对重缓冲距	符合标准值
10	上、下极限开关	工作正常

（四）年度维护保养项目（内容）和要求

年度维护保养项目（内容）和要求除符合表2-5-11的要求外，还应当符合表2-5-12的要求。

表2-5-12 年度维护保养项目（内容）和要求

序号	维护保养项目（内容）	维护保养基本要求
1	减速机润滑油	按照制造单位要求适时更换，油质符合要求
2	控制柜接触器、继电器触点	接触良好
3	制动器铁心（柱塞）	分解进行清洁、润滑、检查，磨损量不超过制造单位要求
4	制动器制动弹簧压缩量	符合制造单位要求，保持有足够的制动力
5	导电回路绝缘性能测试	符合标准值
6	限速器安全钳联动试验（每5年进行一次限速器动作速度校验）	工作正常
7	轿顶、轿厢架、轿门及附件安装螺栓	紧固
8	轿厢及对重/平衡重导轨支架	固定、无松动
9	轿厢及对重/平衡重导轨	清洁，压板牢固
10	随行电缆	无损伤
11	层门装置和地坎	无影响正常使用的变形，各安装螺栓紧固
12	安全钳钳座	固定、无松动
13	轿底各安装螺栓	紧固
14	缓冲器	固定、无松动

四、自动扶梯与自动人行道维护保养项目（内容）和要求

（一）半月维护保养项目（内容）和要求

半月维护保养项目（内容）和要求见表2-5-13。

表2-5-13 半月维护保养项目（内容）和要求

序号	维护保养项目（内容）	维护保养基本要求
1	电器部件	清洁，接线紧固
2	故障显示板	信号功能正常
3	设备运行状况	正常，没有异常声响和抖动

（续）

序号	维护保养项目（内容）	维护保养基本要求
4	主驱动链	运转正常，电气安全保护装置动作有效
5	制动器机械装置	清洁，动作正常
6	制动器状态监测开关	工作正常
7	减速机润滑油	油量适宜，无渗油
8	电动机通风口	清洁
9	检修控制装置	工作正常
10	自动润滑油罐油位	油位正常，润滑系统工作正常
11	梳齿板开关	工作正常
12	梳齿板照明	照明正常
13	梳齿板梳齿与踏板面齿槽、导向胶带	梳齿板完好无损，梳齿板梳齿与踏板面齿槽、导向胶带啮合正常
14	梯级或者踏板下陷开关	工作正常
15	梯级或者踏板缺失检测装置	工作正常
16	超速或非超速逆转检测装置	工作正常
17	检修盖板和楼层板	防倾覆或者翻转措施和监控装置有效、可靠
18	梯级链张紧开关	位置正确，动作正常
19	防护挡板	有效，无破损
20	梯级滚轮和梯级导轨	工作正常
21	梯级、踏板与围裙板之间的间隙	任何一侧的水平间隙及两侧间隙之和符合标准值
22	运行方向显示	工作正常
23	扶手带入口处保护开关	动作灵活可靠，清除入口处垃圾
24	扶手带	表面无毛刺，无机械损伤，运行无摩擦
25	扶手带运行	速度正常
26	扶手护壁板	牢固可靠
27	上下出入口处的照明	工作正常
28	上下出入口和扶梯之间保护栏杆	牢固可靠
29	出入口安全警示标志	齐全，醒目
30	分离机房、各驱动和转向站	清洁，无杂物
31	自动运行功能	工作正常
32	紧急停止开关	工作正常
33	驱动主机的固定	牢固可靠

（二）季度维护保养项目（内容）和要求

季度维护保养项目（内容）和要求除符合表2-5-13的要求外，还应当符合表2-5-14的要求。

表 2-5-14　季度维护保养项目（内容）和要求

序号	维护保养项目（内容）	维护保养基本要求
1	扶手带的运行速度	相对于梯级、踏板或者胶带的速度允差为0 ~ +2%
2	梯级链张紧装置	工作正常
3	梯级轴衬	润滑有效
4	梯级链润滑	运行工况正常
5	防灌水保护装置	动作可靠（雨季到来之前必须完成）

（三）半年维护保养项目（内容）和要求

半年维护保养项目（内容）和要求除符合表2-5-14的要求外，还应当符合表2-5-15的要求。

表 2-5-15　半年维护保养项目（内容）和要求

序号	维护保养项目（内容）	维护保养基本要求
1	制动衬厚度	不小于制造单位要求
2	主驱动链	清理表面油污，润滑
3	主驱动链链条滑块	清洁，厚度符合制造单位要求
4	电动机与减速机联轴器	连接无松动，弹性元件外观良好，无老化等现象
5	空载向下运行制动距离	符合标准值
6	制动器机械装置	润滑，工作有效
7	附加制动器	清洁和润滑，功能可靠
8	减速机润滑油	按照制造单位的要求进行检查、更换
9	调整梳齿板梳齿与踏板面齿槽啮合深度和间隙	符合标准值
10	扶手带张紧度、张紧弹簧负荷、长度	符合制造单位要求
11	扶手带速度监控器系统	工作正常
12	梯级踏板加热装置	功能正常，温度感应器接线牢固（冬季到来之前必须完成）

（四）年度维护保养项目（内容）和要求

年度维护保养项目（内容）和要求除符合表2-5-15的要求外，还应当符合表2-5-16的要求。

表 2-5-16　年度维护保养项目（内容）和要求

序号	维护保养项目（内容）	维护保养基本要求
1	主接触器	工作可靠
2	主机速度检测功能	功能可靠，清洁感应面、感应间隙符合制造单位要求
3	电缆	无破损，固定牢固
4	扶手带托轮、滑轮群、防静电轮	清洁，无损伤，托轮转动平滑
5	扶手带内侧凸缘处	无损伤，清洁扶手导轨滑动面

（续）

序号	维护保养项目（内容）	维护保养基本要求
6	扶手带断带保护开关	功能正常
7	扶手带导向块和导向轮	清洁，工作正常
8	进入梳齿板处的梯级与导轮的轴向窜动量	符合制造单位要求
9	内外盖板连接	紧密牢固，连接处的凸台、缝隙符合制造单位要求
10	围裙板安全开关	测试有效
11	围裙板对接处	紧密平滑
12	电气安全装置	动作可靠
13	设备运行状况	正常，梯级运行平稳，无异常抖动，无异常声响

2.6 电梯定期检查与作业流程

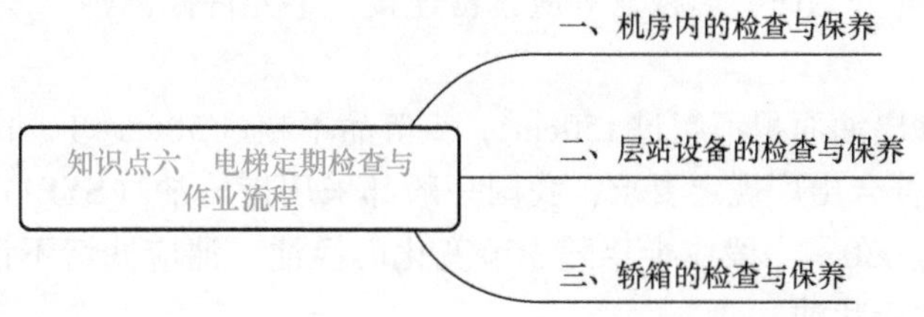

一、机房内的检查与保养

（一）曳引电动机

1）经常清除电动机内部和换向器、电刷等部分的灰尘，不使有积灰或有水和油侵入电动机内部。

2）每季度检查一次电动机绕组与外壳的绝缘电阻，应大于0.5MΩ。如阻值降低，应采取措施加以修复。

3）电动机轴与减速器输入轴用联轴器连接，当采用刚性连接时，其同心度应不超过0.02mm，如用弹性连接，其同心度应不超过0.1mm。制动轮的经向跳动应小于$D/300$（D为制动轮的直径）。

4）电动机电刷的压力应保持在0.15～0.25kg/cm^2。

5）电动机如采用滑动轴承，由甩油环润滑，要经常检查油面高度和油是否清洁，要保证油环转动灵活并把油带上来进行润油。同时应不使油从管路、阀门和油量观测器处泄漏。对于采用滚动轴承的电动机，制造厂出厂时都已加好较充足的润滑剂（一般为轴承脂），可使用6个月左右，到时应补充润滑剂。但润滑剂的品种牌号应符合制造厂的规定。

（二）电磁制动器

1）应检查制动轮与减速器输入轴和键的结合在两侧有无松动，如有松动，应予检修修复。

2）制动器两侧闸瓦在松闸时应同时离开制动轮，其间隙应均匀，最好保持在0.25～

0.50mm，不得超过0.7mm。闸瓦上的瓦衬应无油垢，瓦衬磨损超过其厚度1/4以上或已露出铆钉头时应更换新的瓦衬。

3）调整电磁铁心的气隙（气隙越小拉力越大），电磁铁的可动铁心与铜套间可加入石墨粉润滑。

4）清洁制动器轴销与销孔内积灰或油垢，给以适当的润滑，使它动作灵活。如轴销与销孔磨损失圆，应更换新销和销套修复使用。

5）调整制动器主弹簧的预紧力，使压力适当，在保证安全的前提下，满足平层准确和乘座舒适的要求。

6）制动器的线圈温升应不超过60K。

（三）曳引减速器

1）检查减速器箱体内油量，使油量保持在油标尺规定量范围内。通常下置式蜗杆传动油面应能浸没蜗杆齿高，但以不超过蜗杆中心线为限，以免油面过高发生渗漏情况。对上置式蜗杆传动，最低油面浸到蜗轮齿高，最高油面以能浸没蜗轮直径1/6为限。

2）减速器箱体的分割面、窥视盖等应紧密连接，不允许渗漏油，蜗杆轴伸出端渗漏油应不超过以下数值：

合格品每小时渗出油面积不超过150cm^2，一等品不超过50cm^2/h，优等品不应渗出油。

3）箱内油质应符合出厂规定要求，我国一般都采用齿轮油（SYB1103～62S），冬季用HL－20，夏季用HL－30，一般应半年随季节变化而换油，油应滤清不许含有颗粒类杂质，且不可以是半固体的脂状油。

4）减速器在运行时不得有杂音、冲击和异常的振动。箱内油温不得高于85℃，轴承温升不高于60℃，否则应停机检查原因。消除杂音振动、高温后才能继续运行。

5）检查蜗轮蜗杆的轴向游隙，由于电梯频繁的换向运行，蜗杆传动中产生的推力由推力轴承承受，该轴承磨损后，蜗杆的轴向游隙就会增加而超出标准。应结合季度或年度定期检修，调整蜗轮减速箱中心距调整垫片或轴承盖调整垫片，或更换轴承使游隙保持在规定范围内。这种工作进行时常需吊起轿厢与对重，使曳引轮上悬挂的载荷全部解除后才能进行，要特别注意安全。

6）应检查曳引减速器箱体、轴承座、电动机底盘等定位螺栓有无松动情况。当减速器使用很久，蜗轮蜗杆轮齿磨损过大，在工作中出现很大的换向冲击时应进行大修。调整中心距，或更换新的蜗轮蜗杆。

（四）曳引轮与导向轮（包括反绳轮、复绕轮）

1）检查曳引轮轮缘与转动套筒或其轮套与轴的接合处，应无松动或相对位移，可在接合处局部涂油后运转，就会显示出有无松动或相对位移。

2）对曳引轮导向轮轴的轴承补充润滑剂，如是密封式轴承壳内装置的滚动轴承，每次加油可使用半年。

3）检查曳引轮绳槽应清洁，不许对绳槽加油，绳槽中有油污及钢丝绳表面多余的润滑油应用揩布抹干。

4）应检查绳槽磨损是否一致，当绳槽间的磨损深度差距超过曳引轮直径1/10以上时，可就地重车绳槽或更换新的曳引轮。对于带切口的半圆槽，当绳槽磨损至切口深度少于

2mm 时，应重车绳槽，但车修后切口下面的轮缘厚度应不小于曳引钢丝绳直径。

5）检查或就地车削曳引轮时，可将轿厢停在上端站平层位置，将底坑内的对重架用木架垫实，利用机房顶部吊钩悬挂环链手拉葫芦（起重量 3t）用钢丝绳吊索将轿厢吊起，卸去曳引轮上的全部曳引钢丝绳，再用吊索将轿厢固定悬挂在曳引机承重梁上，然后腾出手拉葫芦去拆卸曳引轮，更换上新的曳引轮。也可就地装置一套车刀架子，使曳引机转动在轿厢机房重新车削曳引轮槽来修复槽形。然后再将曳引钢丝绳挂上曳引轮，用手拉葫芦使轿厢复位和折除对重架上方的垫木架，再拆除手拉葫芦后才可进行试车运转。

6）对曳引轮和导向轮的轮缘进行锤击试验，测定是否存在裂纹，如发现有裂纹，应立即设法更换。

7）检查曳引轮和导向轮所有的轴承螺栓都应紧固好。

（五）限速器与安全钳

1）检查清洁限速轮与轴所积聚的污物，每周加油使之保持良好的润滑，使其能对速度变化反应灵敏，转动灵活。保持限速器弹簧上的铅封完好。

2）限速器的夹绳钳口的污垢应及时消除，使夹绳动作可靠。

3）限速器张紧装置应经常加油，保证移动或转动灵活。

4）检查安全钳拉杆和传动机构应清洁润滑，运动灵活无卡阻现象，提拉力及提拉高度均应符合要求。

5）用塞尺检查安全钳楔块与导轨工作面间隙，使间隙一直保持在 2～3mm 范围内。

6）两侧安全钳的动作应同步，安全钳开关动作应迅速可靠。

（六）控制柜（屏）的检查与维修

1）在经常巡视和定期检查中，通过仔细的直观检查后采取对策。

① 用软刷和电吹风机清除控制屏内外及其全部电器件上所积聚的灰尘，经常保持清洁状态。

② 查明所有接线是否存在松弛、断路或短路，清除导线与接线端子之间存在的松动现象和与动触头连接的导线接头的断裂现象。

2）检查控制柜内所有的接触器、继电器。

① 清除接触器、继电器动作不灵活可靠的情况。

② 检查各触头是否有烧蚀情况，对烧蚀严重、接触面凹凸不平、产生较大噪声的触头可用细点锉刀精心修整（切忌用砂纸打磨）。修整触点外形时应做一块样板进行校正，使修整后的触点具有新触点同样的外形曲线，以保证使用的功能与寿命符合要求。

3）检查更换控制柜（屏）内的熔断器时，应仔细校核各熔丝的额定电流与回路电源额定电流应相符合。对电动机回路，熔丝的额定电流应为电动机额定电流的 2.5～3 倍。

4）检查控制柜（屏）内各导体之间及导体与地之间的绝缘电阻不得小于下列规定：

① 动力电路及电气安全装置电路为 0.5MΩ。

② 其他电路为 0.25MΩ，电路电压在 25V 以下的除外。

③ 控制柜（屏）耐压检验除 25V 以下外，导电部分对地之间施以电路最高电压的 2 倍，再加 1000V，历时 1min 后，不能有击穿或闪烙现象。

（七）三相桥式整流器

1）注意所用熔丝规格是否恰当，以保证整流器不发生超负荷或短路的情况。

2）整流器工作一定时间后，其输出功率将有所降低，这时只能提高其变压器的二次电压来补偿。

3）整流器存放3个月以上，本身的功率损耗可能增大，在投入使用前应先进行“成形试验”。可按以下步骤进行。

① 先加50%额定电压，历时15min。

② 再加75%额定电压，历时15min。

③ 最后加至100%额定电压。

（八）曳引钢丝绳及绳头组合

1）电梯曳引钢丝绳最少根数为2根，通常都用3根以上，为此应定期检查各根曳引钢丝绳所受拉力，应保持一致，相互差值应在5%以内。

2）曳引钢丝绳表面应保持清洁，其芯部渗出的润滑油过多而在表面积聚并粘着粉尘等杂物时，应及时用沾有煤油或汽油的抹布抹干净（切忌用煤油冲洗，用刷子刷时只能沾些煤油，切勿使煤油渗入芯部而破坏其芯部原来浸渍时所含的钢丝绳绳芯油）。当钢丝绳使用日期较多而绳芯含油耗尽时，钢丝绳表面会因干燥而出现锈斑，这时应及时用薄质机械油涂在其表面使油渗入麻芯以补充芯部含油量，然后抹干表面投入使用。

3）当钢丝绳严重磨损，其直径小于原直径90%或钢丝绳内各根单丝磨损超过原直径40%，有一股断裂时，该钢丝绳应立即停用报废换新。曳引绳锈蚀严重，点蚀麻坑形成沟纹，外层钢丝绳松动，不论断丝数或绳径变细多少，必须更换。

4）钢丝绳绳头一般都采用绳头锥套，做花环结，浇铸巴氏合金的工艺方法，绳头的组合强度应不低于钢丝绳破断拉力的80%。

5）钢丝绳受载后将发生弹性伸长，为此应经常检查电梯轿厢在上端站平层时，对重底部碰板到缓冲器顶部的缓冲越程是否符合规定（弹簧式缓冲器200～350mm；液压式缓冲器150～400mm），如该越程不符要求，可通过调节绳头锥套螺栓加以调整，若已超过调整范围，则必须割短钢丝绳重做绳头。这个工作进行时必须使对重支承于底坑下对重缓冲器上所架起的垫木上，轿厢由悬挂在机房顶部吊钩上的手拉葫芦吊起，然后卸下曳引钢丝绳才能进行，要注意工作过程中的安全要求，务必做到要万无一失，如图2-6-1所示。

图2-6-1　绳头锥套

（九）选层器的检查与维修

1）检查选层器上所有传动机构的情况，做到清洁、润滑，转动灵活无卡阻。

2）检查传动钢带、传动链条的情况，如发现有断带、断链，或钢带链条与带轮、链轮啮合不良或松弛未拉紧等情况时，应及时修复与消除。

3）检查选层器上动、静触头的接触可靠性及压紧力，调整到符合要求的状态。磨损较大不能修复的触头应及时换新。触头表面应保持清洁，烧蚀处应用细板锉精心修复。

4）检查所有部位螺栓的紧固情况，如有松动应及时拧紧。

（十）极限开关的检查与维修

1）极限开关应动作灵活可靠，以手拉动其作用钢丝绳应能正确地使开关断开，复位手柄应能使开关正确地复位接通。

2）结合井道检查，试验轿厢上的撞弓与限位开关打脱架动作可靠情况，必须保证在轿厢超越正常运行上下端站平层位置50～200mm范围时，撞弓使打脱架动作，切断极限开关。

3）每年按验收规范要求做一次越程检查，要求能达到上述2）的要求。

（十一）机房的环境检查与保养

1）机房应禁止无关人员进入，在检查维修人员离开时应锁住门。

2）机房内平时应保持良好的通风，并注意机房的温度调节，使机房内的空气温度保持在5～40℃范围内。最湿月月平均最高相对湿度为90%时，该月月平均最低温度不高于25℃，且注意机房的空气介质中无爆炸危险、无足以腐蚀金属和破坏绝缘的气体及导电尘埃，并要求供电电压波动不大于±7%范围。

3）机房内控制柜、屏与机械设备的距离应不小于500mm，它们与墙壁的距离应不小于600mm。

二、层站设备的检查与保养

（一）井道的护围

如果井道围墙是用铁丝网做屏蔽时，应对所有层楼的屏蔽情况进行检查，特别要注意铁丝网的接头部分应牢固地定位和紧固。

（二）召唤按钮

可通过依次召唤轿厢到每一个层楼来检查，试验时可由检查者的助手在轿厢内配合驾驶电梯，并由该助手规定检查轿厢召唤指示器和位置指示器是否符合要求。

（三）层楼指示器

层楼指示器可结合召唤按钮检查时一并进行，要求指示与轿厢实际运行位置相吻合，如有差异，应查明原因，使之吻合。

（四）层门

1）检查各层层门的门轨道是否牢固和有足够的刚度，应定期清除门导轨上和门滑导中积聚的灰尘或油垢，并加注少量润滑油，使层门在开、关时轻快灵活，无卡阻、无跳动、无噪声。

2）检查悬挂门的滑轮是否有磨损而导致门扇下垂，这可由测量门下沿与地坎的间隙来决定，如门扇下垂后与地坎间隙小于1mm时应更换门滑轮。

3）任何一层的层门未关好和其门电锁触点未接通，电梯应无法起动运行。

4）当电梯轿厢不在某一层时，这一层的层门应无法在层站上用手拉开（紧急开锁除外）。

5）层门紧急开锁。

当层门上装有这种装置时，应检查这个开关，当轿厢不管停在那一层，检查人员为了检修和其他紧急事件的需要，都能在层门外用专用的钥匙打开层门。这个钥匙应由专人保管，以防止随便去开层门而导致人员下坠跌入井道底坑而发生伤害。

三、轿箱的检查与保养

（一）轿门层门门电锁

1）轿门平层时，轿门上的开门刀应能正确地插入层门上的钩子锁的两个滚轮之间，并随着轿门开启，脱开钩子锁锁头与锁的啮合，断开电锁触点，使轿厢停止运行，轿门与层门同时被打开。

2）电锁与电气触点与锁头的接合接触长度应大于7mm。轿厢只能在锁紧元件啮合至少为7mm时才能启动。

（二）轿厢操纵盘检查

经常检查操纵盘上的各接触器触点、按钮、开关的接触和磨损情况，必要时进行修理、调整和更换。

（三）当轿厢安全钳是由轿底卷绳筒带动的型式时，应升起轿厢地板，对卷绳筒、安全绳及有关机构进行检查清洁和润滑

（四）轿顶安全窗

轿顶安全窗应可以在电梯停止运行时向轿外打开，通过轿顶检修盒进行检修操作。电梯运行时应关闭安全窗。

（五）紧急报警装置

轿内可能装有铃、蜂鸣器，或电话。

应试验这些报警装置，这些紧急呼救应能传到大楼的值班室或类似有人的地方，并应能及时有效地被应答。

（六）照明装置检查

应检查照明装置是否可靠，照度应以确保地面与控制装置上至少有50lx的照度为符合要求。照明开关的动作也应满足要求。

（七）运行状态检查

使轿厢沿井道上、下运行，并观察其停止时的制动效果，制动距离不宜过长以免轿厢平层停车时滑动过度而影响平层准确度。制动也不可太剧烈而引起轿厢的振动。同时应对加速度和减速度值进行测定，使起动加速度、制动减速度保持在国家规范允许的范围内。

2.7 电梯调试及安装验收

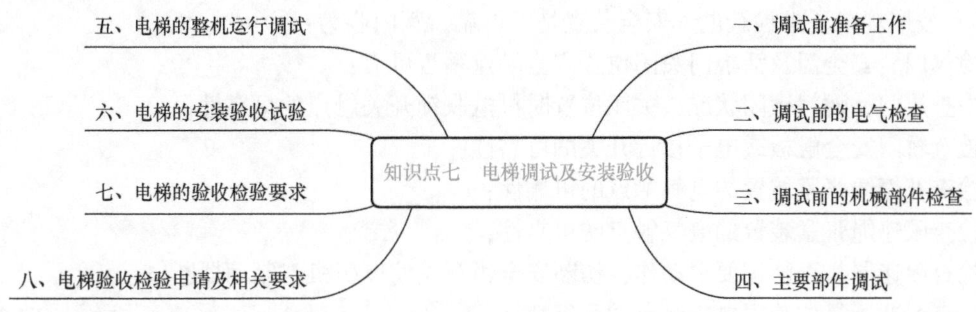

一、调试前准备工作

（一）机房内曳引钢丝绳与楼板等孔洞的处理

机房内曳引钢线绳与楼板孔洞每边间隙应为20～40mm，通向井道的孔洞四周应筑一高50mm以上、宽度适当的台阶。限速器钢丝绳、选层器钢带、极限开关钢丝绳通过机房楼板时的孔洞与曳引钢丝绳同样要求处理。

（二）清除调试电梯的一切障碍物

1）拆除井道中的脚手架和原安装电梯时留下的杂物，如样板架等，清除井道、地坑内的杂物和垃圾。

2）清除轿厢内、轿顶上以及轿门、层门地坎槽中的杂物和垃圾。

3）清除一切阻碍电梯运动的物件。

（三）安全检查

在轿厢与对重悬挂在曳引轮上后，在拆除起吊轿厢手拉葫芦和保险钢丝绳前，电梯轿厢必须已装好可靠的限速器——安全钳超速保护安全装置，以防万一轿厢打滑下坠，酿成事故。这是一个先决条件，否则就不能拆除保险钢丝绳和动车。

（四）润滑工作

1）按规定对曳引电动机轴承、减速器、限速器及张紧轮等传动装置做加油润滑工作，所加润滑剂应符合电梯出厂说明规定的要求。

2）按规定对轿厢导轨、对重导轨、门导轨及门滑轮进行润滑。对于滚轮式导靴，只对其轴承润滑，导轨上不必加油。

3）对安全钳的拉杆机构应润滑并试验其动作是否灵活可靠。

4）对液压式缓冲器，调试前应对缓冲器加注工厂设计规定的液压油或其他适用的油类（一般为HJ－5或HJ－10机械油）。

二、调试前的电气检查

1）测量电源电压，其波动值应不大于±7%。

2）检查控制柜及其他电气设备的接线是否有接错、漏接或虚接。

3）检查各路熔断器内的熔丝的容量是否合理。

4）检查轿厢操纵按钮动作灵活，信号显示清晰，控制功能正确有效。检查呼梯楼层显示等信号系统功能有效，指示正确，功能无误。

5）按照规范要求检查电气安全装置是否可靠，其内容为：

检修门、安全门及活板门关闭位置安全触点是否可靠；

检查层门、轿门锁闭状况，关闭位置时机电联锁开关触点的可靠性；

检查轿门安全触板或电子接近开关的可靠性；

检查补偿绳张紧装置的电气触点的可靠性；

检查限速绳张紧装置的电气触点的可靠性；

检查限速器是否能按要求动作，切断安全钳开关使曳引机与制动器断电；

检查缓冲器复位装置电气触点的可靠性；

检查端站减速开关、限位开关的可靠性；

检查极限开关的可靠性；

检查检修运行开关、紧急电动运行开关、急停开关等的可靠性；

检查轿厢钥匙开关和每台电梯主开关控制的可靠性；

检查轿厢平层或再平层电气触点或线路的动作可靠性；

检查选层器钢带保护开关的可靠性。

三、调试前的机械部件检查

1）检查控制柜的上、下车机械限位是否调节合适。

2）检查限速轮、选层器钢带轮的旋转方向是否符合运行要求。选层器钢带是否张紧，且运行时不与轿厢或对重相碰触。

3）检查导靴与导轨的接合情况是否符合要求。

4）检查安全钳及连杆机构能否灵活动作，要求两侧安全钳楔块能同时动作，且间隙相等。

5）检查限速器钢丝绳与轿厢安全拉杆等连接部位，连接牢固可靠，动作迅速灵活。

6）检查端站减速开关、限位开关、极限开关的碰轮与轿厢撞弓的相对位置是否正确，动作是否灵活和能否正确复位。

四、主要部件调试

电梯曳引机所配制动器都是常闭式双瓦块直流电磁制动器。通常应在曳引绳未挂上前调整到符合要求的程度，电梯试运转前应再次复校。直流电梯与交流电梯制动器的外形基本相似，但具体构造稍有差异。现以交流电梯的电磁制动器为例，列出制动器的调试步骤如下：

1）调整制动器电源的直流电压。

正常起动时制动器线圈两端电压为110V，串入分压电阻后为55V ± 5V，此电压适用于一般双速电动机用制动器，其他类型的电梯制动器的电压（如设计时非110V时）应按要求另定端电压数进行调试。

2）适当调节制动力调节螺母使制动器有一定的制动力，防止电梯停车时发生滑移情况。

3）将间隙均匀调节螺栓和制动声音调节螺栓适当放松，再调节间隙大小螺母，使制动闸瓦与制动轮在线圈通电时有一定间隙。

4）调节螺栓，使制动器通电时制动轮与闸瓦四周间隙均匀相等。

5）调节螺母，使制动轮与闸瓦在松闸时间隙不大于0.7mm（0.15～0.7mm）。

6）调节螺栓，使制动器动作时声音减到最轻为止。

按上述步骤反复调整，达到要求后将所有防松螺母拧紧，以防受振动后松开而影响制动性能。

五、电梯的整机运行调试

在电梯运行之前，应拆除对重下面的垫块、轿厢的吊钩及保险装置，并做好人员安排，应各司其职不得擅自离开，一切行动应听从轿顶人员指挥。以检修速度上、下开一行程，检查和调整以下项目：

1）检查排除井道内所有影响电梯运行的杂物，注意轿顶人员的自身安全。

2）检查电梯运行部件之间及其与静止部件之间的间隙，是否符合要求。如与井道墙壁、厅站地槛、对重支架等的间隙。

3）检查电梯制动器动作情况，如不符合要求，再按前面所叙述的步骤及要求重新调整。

4）检查轿顶各感应器与相应感应板的相对位置。

5）检查选层器钢带、限速器钢丝绳及补偿装置、电缆等随轿厢和对重的运行情况。

6）调整轿门上开门刀片与各层层门门锁滚轮的相对位置，及检查各层层门的开、关门情况。

7）调节端站限位开关的高低位置，使轿厢地坎与该层层站地坎停平后，正好切断顺向控制回路。

8）调节上、下极限开关碰轮的位置，应使极限开关在轿厢或对重接触缓冲器之前起作用，并在缓冲器被压缩期间保持其动作状态。即极限开关此时能切断总电源，使轿厢停止运动。调节时可暂时跨接端站的顺向限位开关，调节妥当后应立即拆除跨接线。

9）检查轿厢及对重架的缓冲碰板至缓冲器上平面的缓冲距离（对弹簧式缓冲器，此距离为200～350mm；对液压式缓冲器，此距离应为150～400mm），以及缓冲器与碰板中心的位置偏差，应满足安装要求。

10）当检验完成后进行井道自学习。将设备调节至检修模式，电梯检修运行到一层，设置参数F6－00＝4，F6－01＝1，F6－00＝1，F0－00＝1。设置完成后将F1－11设为3，电梯调节至正常模式，电梯进入到井道自学习模式。如果系统不报故障，则井道自学习成功，电梯整机调试完毕。

六、电梯的安装验收试验

正式进入安装验收试验工作，其试验项目如下所述：

（一）曳引检查

1）曳引电梯的平衡系数应当在0.40～0.50之间。

轿厢分别以空载和额定载荷的30%、40%、45%、50%、60%时做上下运行，当轿厢与对重运行到同一水平位置时对交流电动机测量电流（或转速），对于直流电动机测量电流同时测量电压（或转速）。平衡系数用电流-负荷曲线（或转速-负荷曲线）上向上、向下运行曲线的交点来确定。

2）检查曳引能力

在相应于电梯最严重的制动情况下，停车数次，进行曳引检查，每次试验，轿厢应完全停止。

试验方法：

① 行程上部范围内，上行，轿厢空载；

② 行程下部范围内，轿厢内载有125%额定载荷，以正常运行速度下行，切断电动机与制动器供电。

③ 当对重支承在被其压缩的缓冲器上时，空载轿厢不能向上提起。

④ 当轿厢面积不能限制载荷超过额定值及额定载重量时，再需用150%额定载荷做曳引静载检查，历时10min，曳引绳无打滑现象。

（二）限速器

限速器应运转平稳，制动可靠，封记应完好无损，如图2-7-1所示。

（三）安全钳

（1）轿厢安全钳

在动态试验过程中，轿厢安全钳应动作可靠，能夹紧导轨，使轿厢制停，并保持静止状态。在试验之后，未出现影响电梯正常使用的损坏。

（2）对重安全钳

如电梯井道底坑还有人可能到达的空间时，对重也应设置安全钳，如该安全钳由限速器操纵，可用与轿厢安全钳相同的方法进行试验。对无限速器操纵的对重安全钳，应进行动态试验，如图2-7-2所示。

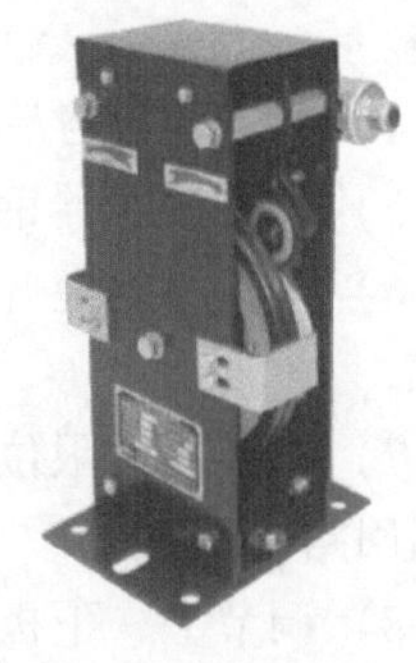

图2-7-1　限速器

图2-7-2　安全钳开关

（3）安全钳的试验方法

轿厢安全钳的试验，应在轿厢下行期间进行：

1）瞬时式安全钳，轿厢应载有均匀分布的额定载荷并在检修速度时进行。复验或定期检验时，各种安全钳均采用空轿厢，在平层或检修速度下进行，如图2-7-3所示。

2）渐进式安全钳，轿厢应载有均匀分布125%的额定载荷，在平层速度或检修速度下

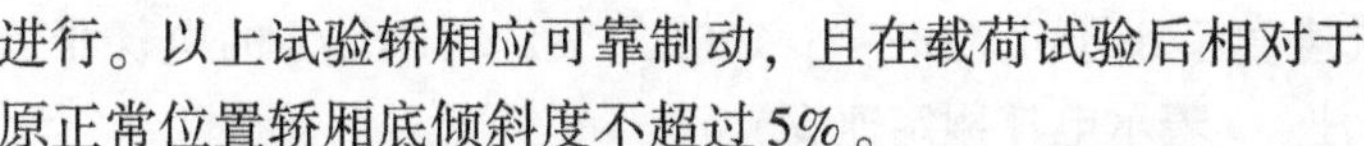

进行。以上试验轿厢应可靠制动，且在载荷试验后相对于原正常位置轿厢底倾斜度不超过5%。

3）试验完毕后，应将轿厢向上提升或用专用工具使安全钳复位，同时将安全钳开关也复位，并检查修复由于试验而损坏的导轨表面，并做好记录。

4）渐进式安全钳的制动距离。如制动距离过小，则减速度过大，人体难以承受；如制动距离过大，则其安全性能就会受到影响。

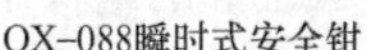

图2-7-3　瞬时式安全钳

（四）缓冲器

（1）液压缓冲器负载试验

液压缓冲器负载试验分为轿厢缓冲器和对重缓冲器两种形式：轿厢以额定载荷和额定速度情况下碰撞液压缓冲器，轿厢完全压在缓冲器上，悬挂绳松弛，缓冲器应平稳，零件应无损伤或明显变形。对重以轿厢空载和额定速度情况下碰撞缓冲器，对重完全压在缓冲器上，悬挂绳松弛，缓冲器应平稳，相关零件应无损伤或明显变形。

（2）液压缓冲器复位试验

在轿厢空载的情况下进行，以检修速度下降将缓冲器全压缩，从轿厢开始离开缓冲器一瞬起，直到缓冲器回复到原状上，所需时间应少于120s，如图2-7-4所示。

图2-7-4　液压缓冲器

（五）校验轿厢内报警装置

安装位置应符合设计规定，报警功能可靠。

（六）运行试验

1）轿厢分别以空载、额定载荷的50%和额定载荷三种工况并在通电持续率40%情况下，达到全行程范围，按120次/h每天不少于8h，各起、制动运行1000次，电梯应运行平稳，制动可靠，连续运行无故障。

2）制动器温升不超过60K，曳引机减速器温升不超过60K，其温度不超过85℃，电动机温升不超过GB/T 12974—2012《交流电梯电动机通用技术条件》的规定。

3）曳引机减速器，除蜗杆轴伸出一端漏油面积平均每小时不超过150cm^{2}外，其余各处不得有渗漏油。

4）乘客电梯起、制动应平稳迅速，起、制动加、减速度最大值均不大于1.5m/s^2；

$1m/s < v \leq 2m/s$ 的电梯平均加、减速度不小于 $0.48m/s^2$；$2.0m/s < v \leq 2.4m/s$ 的电梯平均加、减速度应不小于 $0.65m/s^2$。(注：v 表示电梯额定速度)

5）乘客电梯与病床电梯的轿厢运行应平稳，水平方向和垂直方向振动加速度应分别不大于 $25cm/s^2$ 和 $15cm/s^2$。

6）控制柜、电动机、曳引机工作应正常，电压、电流实测最大值应符合相应的规定；平衡载荷运行试验，上、下方向的电流值应基本相符，其差值不应超过5%。

（七）超载试验

电梯在110%的额定载荷、断开超载控制电路，通电持续率40%情况下，运行30min，电梯应能可靠地起动、运行和停止，制动可靠，曳引机工作正常。

（八）额定速度试验

轿厢加入平衡载荷，向下运行至行程中段（除去加速和减速段）时的速度不得大于额定速度的105%，宜不小于额定速度的92%。

（九）平层准确度试验

（1）调节舒适感

1）在进行平层准确度试验前，应先将电梯的舒适感调节好。

2）电梯舒适感与其起制动加、减速度值的大小有关，同时还与电动机的负载特性，加、减速度的时间及换速、制动特性等有关。其中电动机的负载特性主要取决于电动机本身的性能，但可通过起动电阻做一定范围的调节；加、减速度的时间可通过并接起动电阻值的大小和接入时间来加以调节。一般交流电梯采用延时继电器和阻容延时电路来解决，只需调节延时继电器的气囊放气时间或延时电路中的电阻和电容的数值，便可达到要求。

电梯舒适感与换速时间有关，一般电梯可通过井道上、下减速感应板或选层器的上、下减速触点的位置来解决。若换速过早将导致电梯的运载能力下降，而换速过迟则减速度过大，舒适感就差。

制动器性能可通过调节制动器弹簧的压紧力而达到要求，制动特性过硬时制动力大，制动可靠，但舒适感差，反之，当制动特性软时，虽然舒适感较好，但电梯在额定负载或空载情况下易产生滑车状态对安全可靠性产生影响。

（2）调整平层准确度

电梯在调整好舒适感后即可进行平层准确度的调整和试验。在轿厢内装入平衡重量，先调整上端站与下端站及中间层站的平层准确度。此时可通过移动轿顶感应器支架位置以及井道内相应层感应板的位置进行调节。以上调整完毕以后，再调整其余各层楼的平层准确度，此时只允许调节井道各层感应板的位置来达到平层准确度要求。各类电梯轿厢的平层准确度应满足以下规定：

$v \leq 0.63m/s$ 的交流双速电梯，在 ±15mm 的范围内；$0.63m/s < v \leq 1.00m/s$ 的交流双速电梯，在 ±30mm 的范围内；$v \leq 2.4m/s$ 的各类交流调速电梯和直流电梯均在 ±15mm 的范围内；$v \geq 2.4m/s$ 的电梯应满足生产厂家的设计要求。

（十）噪声试验

（1）噪声值

各机构和电气设备在工作时不得有异常撞击声或响声。乘客电梯与病床电梯的总噪声应符合国标规定值。对于 $v = 2.4\text{m/s}$ 的乘客电梯，运行中轿内噪声最大值不应大于 60dB（A）。

（2）噪声测试方法

1）轿厢运行噪声测试。

传声器置于轿厢内中央距轿厢地面高 1.5m。

2）开关门过程的噪声测试。

传声器分别置于层门和轿厢门宽度的中央，距门 0.24m，距地面高 1.5m。

3）机房及发电机房噪声测试。

传声器在机房中，距地面高 1.5m，距声源 1m 处，测 4 点；在声源上部 1m 处测 1 点。共测 5 点（峰值除外）。

4）测试结果的计算与评定。

① 测试中声级计采用 A 计权，快档。

② 轿厢运行噪声以额定速度上行、下行，取最大值。

③ 开、关门过程噪声，以开、关门过程的峰值作为评定依据。

④ 机房噪声，以噪声测试的最大值作为评定依据。

（十一）电梯的可靠性

可靠性应符合国标的技术规定。

1）整机可靠性检验为交付使用后的电梯，起、制动运行 60000 次中发生失效（故障）的次数，应符合国标规定。

2）电梯每次失效（故障）允许的修复时间不得超过 1h。

3）附失效（故障）记录，主要包括失效（故障）次数、修复时间及其检验方式等。

七、电梯的验收检验要求

电梯在验收检验前，电梯及其环境应清理干净。机房、井道与底坑均不应有与电梯无关的其他设置，底坑不应渗水、积水。此外还应符合下述条件：

机房应贴有发生困人故障时的救援步骤、方法和轿厢移动装置使用的详细说明。松闸板手应漆成红色，盘车手轮应涂成黄色。可以拆卸的盘车手轮应放置在机房内容易接近的明显部位。在电动机或盘车手轮上应有与轿厢升降方向相对应的标志。

系统接地应根据供电系统采用符合电业要求的形式，在三相五线制和三相四线制供电系统中应分别采用 TN－S 和 TN－C－S 形式。采用 TN－C－S 型式时，进入机房起中性线（N）与保护线（PE）应始终分开。易于意外带电的部件与机房接地端连接性应良好，它们之间的电阻值不大于 5Ω。在 TN 供电系统中，严禁电气设备外壳单独接地。电梯轿厢可利用随行电缆的钢芯或芯线做保护线，采用电缆芯线做保护线时不得少于 2 根。

导体之间和导体对地的绝缘电阻：动力电路和电气安全装置电路不小于 0.5MΩ；照明电路和其他电路不小于 0.25MΩ。

电气元件标志和导线端子编号或接插件编号应清晰，并与技术资料相符。电气元件工作正常。每台电梯配备的供电系统断相、错相保护装置在电梯运行中断相也应起保护作用。

曳引机工作正常，各机械活动部位应按说明书要求加注润滑油，油量适当，除蜗杆伸出端外无渗漏。曳引轮应涂成（或部分涂成）黄色。同一机房内有多台电梯时，各台曳引机、主开关等应有编号区分。制动器动作灵活，工作可靠，制动时两侧闸瓦应紧密、均匀地贴合在制动轮工作面上，松闸后制动轮与闸瓦不发生摩擦。

各安全装置齐全，位置正确，功能有效，能可靠地保证电梯安全运行。

八、电梯验收检验申请及相关要求

电梯安装、大修、改造结束后，经施工单位自检，其质量和安全性能合格并出具自检报告书后，由使用单位向规定的监督检验机构提出验收检验申请。

使用单位向监督检验机构申请验收检验时，应提供以下资料：

1）《特种设备注册登记表》（每台 2 份）；

2）改变原施工方案进行施工及有关隐蔽工程情况记录；

3）制造单位应提供的资料：

装箱单；

产品出厂合格证；

机房、井道布置图；

使用维护说明书（含电梯润滑汇总图表及标准功能表）；

动力电路和安全电路电气原理图及符号说明；

电气接线图；

部件安装图；

安装说明书；

安全部件：门锁装置、限速器、安全钳及缓冲器型式试验报告结论副本，其中限速器与渐进式安全钳还需有调试证书副本。

4）安装（修理）单位应提供的资料：

施工情况记录和自检报告；

安装过程中事故记录与处理报告；

由电梯使用单位提出、经制造单位同意的变更设计证明文件。

5）改造单位应提供的资料：

改造单位除提供 3）、4）两项资料外，还应提供：

改造部分清单；

主要部件合格证、型式试验报告副本；

必要时提供图样和计算资料。

6）对使用单位的要求。

使用单位必须制订以岗位责任制为核心的电梯使用安全管理制度，并予以严格执行，这些制度应至少包括：

安全操作规程；

维护保养制度；

岗位责任制及交接班制度；

操作证管理及培训制度；

故障状态救援操作规程；

电梯钥匙使用保管制度；

常规检查及定期报检制度；

技术档案管理。

随梯种不同，上述制度可做相应取舍。以上对使用单位的要求也适合于液压电梯和杂物电梯的用户。

2.8 拓展知识

电梯故障急停救援

电梯突然停电或出现故障急停时，立即按紧急呼叫按钮与外界联系；无人应答时可考虑通过手机联系维修人员；可用力拍打轿壁、轿门，引起其他人的注意；等待救援人员到来，不可强行扒门自救；救援人员到达后，听从救援人员指挥。电梯轿厢非密闭结构，并且有风扇送风，无窒息的危险。

发生坠落事故时，首先是固定自己的身体。这样发生撞击时，不会因为重心不稳而造成摔伤。其次是要运用电梯墙壁，作为脊椎的防护，紧贴墙壁，可以起到一定的保护作用。最重要的，可以借用膝盖弯曲来承受重击压力。这是因为韧带是人体唯一富含弹性的组织，比骨头更能承受压力。因此，背部紧贴电梯内壁，膝盖弯曲，脚尖点地、脚跟提起的保护动作才是正确的。

电梯蹲底就是电梯的轿厢在控制系统全部失效的情况下，会错过首层平层位置而向下行驶，直至碰到底坑的缓冲器上停止。这样的情况很少发生，可一旦发生后果会十分严重，巨大的惯性很可能会导致乘梯者全身骨折危及生命。其实如果电梯在下降过程中，突然急速下坠，电梯的安全保护装置会使电梯停下来。值得注意的是，电梯从开始坠落到停下的距离与电梯的载重有关，因此乘坐电梯决不能超载。

被困到电梯里的自救措施。遇到突发情况应按警铃或紧急呼叫按钮，及时与电梯值班人员联系。在刚刚被困时，如果电梯内没有报警电话，可拍门叫喊或用鞋子敲门。如果长时间被困，最安全的做法是保持镇定，保存体力，等待救援。电梯轿厢非密封结构，并且有风扇送风，不存在窒息危险。

当发生电梯困人事故时，电梯管理人员通过电话或喊话，与被困乘客取得联系。务必使其保持镇静，耐心等待救援。轿厢远离电梯层站时，进入机房关闭电梯电源开关，在电梯轴上安装盘车手轮，一人用力把住盘车手轮，另一人手持制动释放杆，轻轻撬开制动。注意观察平层标志，使轿厢逐步移至最接近厅门为止。当确认制动无误时，用层门钥匙开启层门、轿门，协助乘客离开轿厢，并重新关好厅门。

项目3 电梯安装

3.1 电梯安装工艺及流程

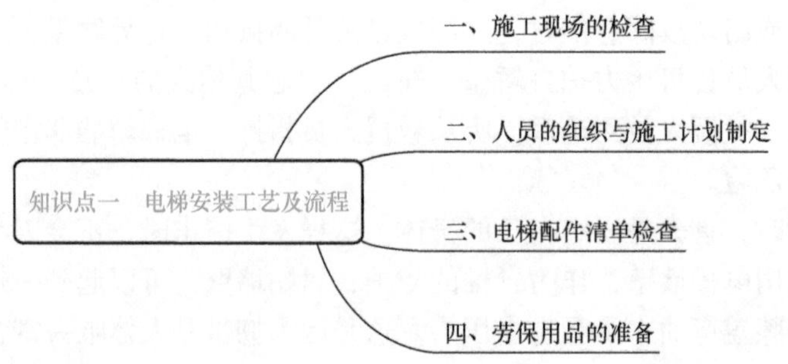

一、施工现场的检查

设置井道防护

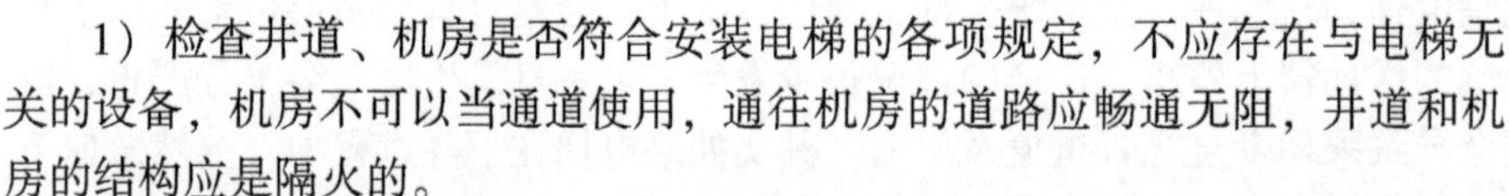

1）检查井道、机房是否符合安装电梯的各项规定，不应存在与电梯无关的设备，机房不可以当通道使用，通往机房的道路应畅通无阻，井道和机房的结构应是隔火的。

2）井道内的净平面尺寸、垂直度、井道留孔等，如发现不符合要求的，以书面形式通知甲方整改。井道内是否有障碍物及积水需要清除，必须要加装护栏。电梯井道如图 3-1-1 所示。

图 3-1-1　电梯井道

3）检查堆放较大电梯零部件的堆货场，堆货场地应保持干燥，有防雨水、防气候影响等保护措施。电梯主要发运部件如图 3-1-2 所示。

二、人员的组织与施工计划制定

1）电梯安装小组一般由 3 ~ 4 个人组成，其中需要有熟练的机械安装钳工和电工各负责安装及调试。同时也要配备一定数量的焊工、起重工等相关人员，人员组织好后编制施工

图 3-1-2 电梯主要发运部件

进度表。

2）电梯施工进度表。

施工进度表通常是按机械和电气两部分内容，同时进行的原则来安排。电梯安装过程图如图 3-1-3 所示。

图 3-1-3 电梯安装过程图

3）工具的准备。

选择合理的工具及各种合适的专用工具，以便工作。选择前做一次严格检查，将坏掉的剔除换上合格的工具，确保施工安全及工程质量。所有工具应妥善保管。

4）人员上岗前必须进行安全培训。

三、电梯配件清单检查

安装负责人开启电梯包装箱，根据装箱单位及有关资料核对所有零部件，了解该电梯的类型及控制方式，如散装提货，在提货时根据技术资料核对验收。

四、劳保用品的准备

安装人员必须遵守安全作业守则，牢记“安全第一”，作业时必须戴安全帽，系安全带，穿安全鞋，带电作业必须两个人以上。劳保用品要充足，以便有损坏时，及时更换。

3.2 电梯机械安装

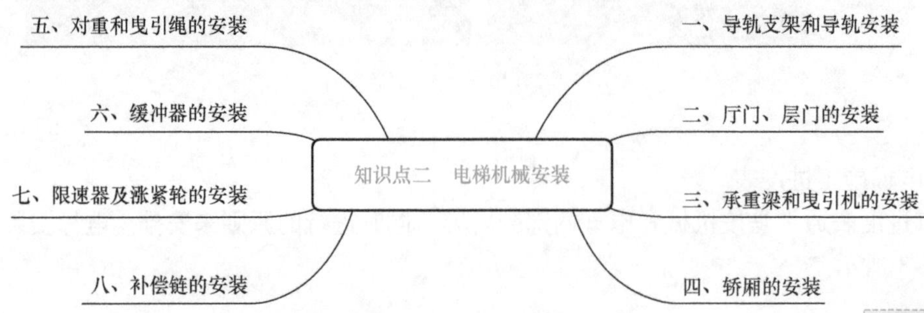

一、导轨支架和导轨安装

制作样板

导轨与支架的安装对整个电梯运行质量的好坏是一个重要环节。

在样板架的工作线放下后，首先应检查井道壁，预留孔或预埋铁的位置及大小尺寸是否与土建要求相符。

（1）支架埋入孔的要求

1）每根导轨至少设有两个导轨支架，其间距不大于2.5m。

2）留孔大小尺寸要符合内大外小。

（2）导轨支架的安装

用膨胀螺栓固定导轨支架，混凝土电梯井壁没有预埋铁的情况下，多使用膨胀螺栓直接固定导轨支架的方法。使用的膨胀螺栓的规格要符合电梯厂图样要求，若厂家没有要求，膨胀螺栓的规格不得小于M16mm。支架应错开导轨接头200mm以上，支架应水平安装，其水平度不大于1.5%。

每根导轨应保证至少有两个支架支撑。导轨支架稳固后，不能碰撞，常温下经过6～7天的养护，达到规定强度后才能安装导轨，如图3-2-1所示。

（3）导轨的安装

在安装前对导轨进行检验，看有无外伤、弯曲变形等现象，然后将导轨用汽油或煤油逐一擦拭干净。导轨安装如图3-2-2所示。

对有外伤或变形的地方应予以修复，具体要求如下：

1）每根导轨至少应有两个支架，两支架间距不得大于2.5m。

2）导轨公母头上面的杂物，应进行认真清理。

3）导轨架距导轨连接板不小于200mm。

4）距顶层楼板不大于0.5m处应安装一支架。

5）导轨下端应支撑在地面坚固的导轨座上。先将导轨固定在导轨支架，用压导板固

图 3-2-1 导轨支架安装

图 3-2-2 导轨安装

定，螺栓用手上紧，方便校正。

6）悬挂铅垂线，在每列导轨距中心端 5mm 处悬挂一铅垂线。

7）用卡板校正，先用粗卡校正，分别自下而上粗校导轨，校导轨的 3 工作面与导轨铅垂线之间的偏差。

（4）导轨检测与调整

经粗校调整后的导轨，还需要用精校卡尺对两列导轨的间距、垂直度、偏扭度进行检测和调整。要求如下：

1）两列导轨端面上的间距偏差：轿厢导轨为 ±2mm，对重导轨为 ±3mm。

2）每列导轨工作面（包括侧面、顶面）的安装基准线，每 5m 偏差为 0.6mm。

3）导轨接头处缝隙应不大于 0.5mm。

4）用 300mm 钢板尺靠在导轨表面，用塞规检测导轨接头处的台阶，不应大于 0.05mm。超过应修平，修光长度为 150mm 以上，修光后的凸出量不大于 0.02mm。

此外，导轨应用压板固定在导轨架上，不能用焊接或螺栓直接连接。

二、厅门、层门的安装

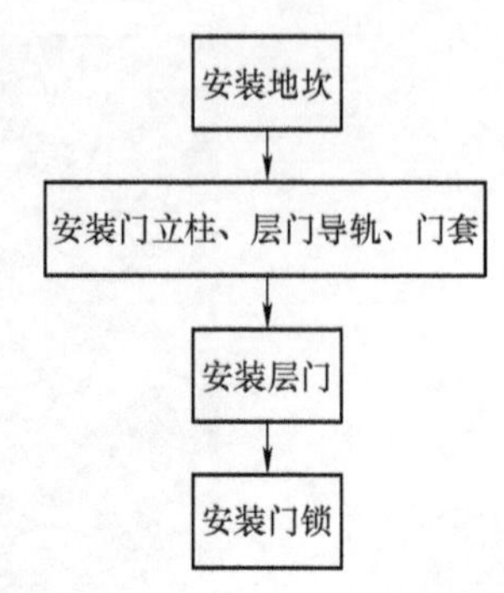

图 3-2-3　电梯厅门、层门的安装步骤

电梯厅门、层门的安装步骤如图 3-2-3 所示。

设备、材料及作业条件如下：

1）厅门部件应与图样相符，数量齐全。

2）地坎、门滑道、厅门扇无变形、损坏，其他部件应完好无损、安全牢固。

3）各层脚手架横杆位置不应妨碍装地坎。

4）各层厅门口及脚手板上干净，无杂物，防护门安全可靠。

三、承重梁和曳引机的安装

安装导轨及厅门

（1）承重梁安装

机房承重梁担负着电梯传动部分的全部动负荷和静负荷，因此要可靠架设在坚固的墙或横梁上。安装过程如下：

1）曳引机承重梁安装前要除锈并刷防锈漆，交工前再刷成与机器颜色一致的装饰漆。

2）根据样板架和曳引机安装图在机房画出承重钢梁位置。

3）安装曳引机承重梁，其两端必须放于井道承重墙或承重梁上，如需埋入承重墙内，则埋入墙内的深度应超过墙中心 20mm，且不应小于 75mm。在曳引机承重梁与承重墙（或梁）之间，垫一块面积大于钢梁接触面、厚度不小于 16mm 的钢板，并找平垫实。如果机房楼板是承重楼板，承重钢梁或配套曳引机可直接安装在混凝土机墩上。

4）设备与钢梁连接使用螺栓时，必须按钢梁规格在钢梁翼下配以合适偏斜垫圈。钢梁上开孔必须圆整，稍大于螺栓外径，为保证孔规矩，不允许使用汽焊割圆孔或长孔，应用磁力电钻钻孔，如图 3-2-4 所示。

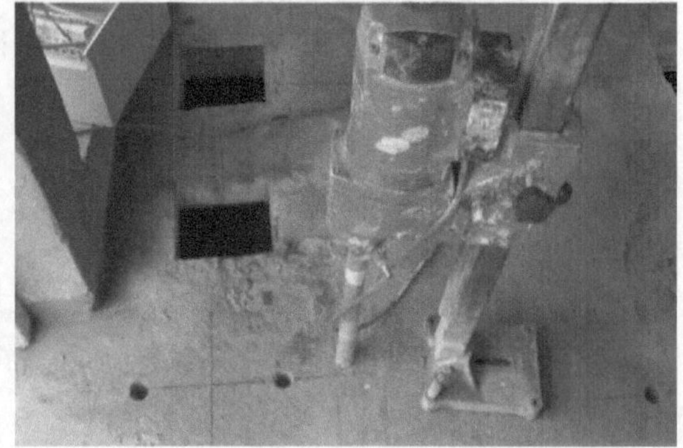

图 3-2-4　承重梁安装

承重梁应水平安装，每根承重梁的上面水平度应为 0.5‰，相邻承重梁之间的高度允许误差为 0.5mm，承重梁相互平行度允许误差为 6mm。

（2）导向轮的安装

在机房楼板或承重梁上，对准井道顶端样板架上的对重中心和轿厢中心各放一铅垂线，在导向轮两个侧面，根据导向轮宽度另放两根辅助铅垂线，在同一平面内使两辅助铅垂线连接垂直两中心连线，用以校正导向轮水平方向偏摆。

导向轮和曳引轮的平行度允许误差为不大于±1mm。

导向轮的垂直度不大于0.5mm。

导向轮安装位置误差在前后方向为±0.5mm，在左右方向为1mm，如图3-2-5所示。

图3-2-5 导向轮安装

（3）曳引机的安装

曳引机的安装正确与否直接影响电梯的工作质量，安装时必须严格把关。

1）承重梁在机房楼板上的安装，借用机房内顶上的预埋铁或铁环，把吊葫芦挂上去，然后把曳引机吊起，放在承重梁上的准确位置。

2）曳引机和导向轮安装位置的确定。首先要确定曳引轮和导向轮的拉力作用中心点，需根据引向轿厢或对重的绳槽而定。

若导向轮及曳引机已由制造厂家组装在同一底座上，则确定安装位置极为方便。在电梯出厂时，轿厢与对重中心距已完全确定，只要移动底座使曳引作用中心点吊下的垂线对准轿厢（或轿轮）中心点，使导向轮作用中心点吊下的垂线对准对重（或对重轮）中心点，这项即已完成，然后将底座固定。

若曳引机与导向轮需在工地安装成套，曳引机与导向轮的安装定位则需要同时进行，其方法是：在曳引机及导向轮上位后使曳引轮作用中心点吊下的垂线对准轿厢（或轿轮）中心点，使导向轮作用中心点吊下的垂线对准对重（或对重轮）中心点，并且始终保持不变，然后水平转动曳引机及导向轮，使两个轮平行，且相距（1/2）绳槽距，并进行固定。

曳引机与承重梁之间有减振装置，减振装置由上下两块与曳引机底盘尺寸相等、厚度为16～20mm的减振橡胶垫构成，为防止位移应设置压板和挡板。曳引机座采用防振胶垫时，在其未挂曳引绳时，曳引轮外端面应向内倾斜，倾斜值视曳引机轮直径及载重量而定，一般为+1mm，待曳引轮挂绳承重后，再检测曳引机水平度和曳引轮垂直度，应满足标准要求。曳引机底盘的钢板与承重梁用螺栓连接或焊接成一体，如图3-2-6所示。

3）曳引机安装位置的校正：校正前需在曳引机上方拉一根水平线，而且从该水平线悬挂下方放两根铅垂线，并分别对准井道上样板架标出的轿厢中心点和对重装置中心点。再根据曳引轮的节圆直径，在水平上再悬挂放下另一根铅垂线，根据轿厢中心铅垂线与曳引机的

图 3-2-6 曳引机安装

节圆直径铅垂线，去调整曳引机的安装位置，应达到：

① 曳引轮位置偏差，前、后（向着对重）方向不应超过 ±2mm。

② 曳引轮的轴向水平度从曳引轮缘上边放一根铅垂线，与下边轮缘的最大间隙应为小于0. 5mm。

③ 曳引轮与导向轮或复绕轮的平行度不大于 ±1mm。

④ 曳引机安装好后，要求在靠近惯性轮位置的电动机端盖上，用红色油漆做标记，指示电梯的运行与方向，即“上”与“下”。

四、轿厢的安装

轿厢是电梯的主要部件之一，一般轿厢的体积比较大，制造厂把全部机件完成之后，经合装检查再拆成零件进行表面装潢处理，然后以零件的形式包装发货，因此轿厢的组装工作比较麻烦。轿厢是乘用人员的可见部件，装潢比较讲究，组装时必须避免磕碰划伤。

轿厢的组装工作一般多在上端站进行，因为上端站最靠近机房，组装过程中便于起吊部件、核对尺寸、与机房联系等。由于轿厢组装后位于井道的最上端，因此通过曳引钢丝绳和轿厢连接在一起的对重装置在组装时，就可以在井道底坑进行。通电试运行前还应对电器部分做检查和预调试。其安装流程如图 3-2-7 所示。

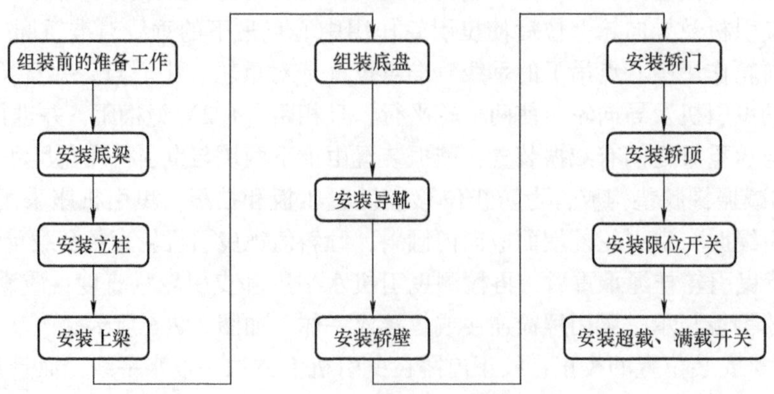

图 3-2-7 轿厢的安装步骤

（一）组装前准备

图 3-2-8 轿厢支架

将脚手架拆至顶层楼面以下约 400mm 处，在门口对面的井道壁上，平行地凿两个孔洞，约 250mm × 250mm，其宽度与厅门口的宽度一致，用截面不小于 200mm × 200mm 的方木或 20 号槽钢做支撑梁，将一端伸入孔内，另一段架于楼面上，校正水平后加以固定，轿厢的安装是在机房下顶站进行的。轿厢支架如图 3-2-8 所示。

在机房露面上垫上方木，搁一段直径大于 50mm 的圆钢，通过机房预留孔悬挂不小于 3t 的电动或手动葫芦一只，用于吊装。在进入井道内进行轿厢拼装前需要穿戴好安全帽、安全带、防滑鞋，在机房内固定一条安全绳索，绳索下放入井道，在进入井道内进行拼装轿厢等作业时，需要把安全带的吊钩固定在安全绳索上面。过程如下：

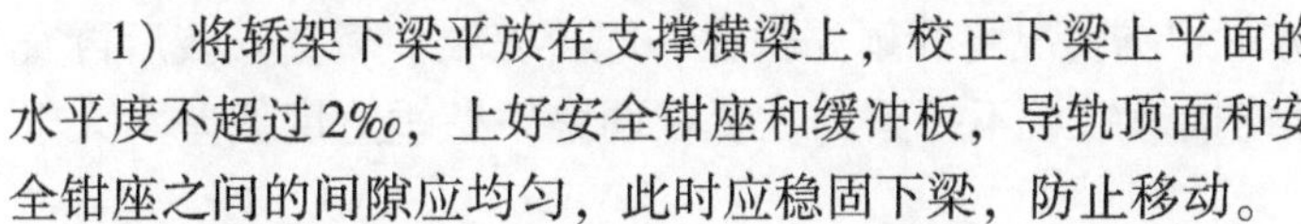

1）将轿架下梁平放在支撑横梁上，校正下梁上平面的水平度不超过 2‰，上好安全钳座和缓冲板，导轨顶面和安全钳座之间的间隙应均匀，此时应稳固下梁，防止移动。

2）将轿厢底板吊在下梁上，如需拼接在此时进行，在支承横梁和底板之间加调整片，调整底板的水平度不超过 3‰，用螺栓连接底板和下梁。

3）竖起两侧直梁，将其与下梁和底板连接紧固。

4）吊起上梁，将其与两侧直梁用螺栓连接紧固（M16），再次校正直梁的垂直度，不允许有扭弯力矩。

（二）导靴安装

生命线的架设

导靴有滚动和滑动两种，滑动导靴又分为弹簧式和固定式两种。高速电梯多采用滚动导靴；快速或低速电梯，采用弹簧式滑动导靴，或采用固定式无簧导靴。安装过程如下：

1）将导靴在上下梁连接紧固，应吻合良好，不偏斜和不产生切割导轨的现象。

2）无论轿厢导靴和对重导靴，上下四只导靴应位于同一垂直平面上。

3）调整有簧导靴压力使其均匀，无簧导靴与导轨端面之间的间隙应均匀且左右不大于各 1mm。

（三）安全钳安装

安全钳分为瞬时式和渐进式两种。当电梯额定速度超过 0.63m/s 时，轿厢应采用渐进式安全钳；当额定速度不超过 0.63m/s 时，轿厢可采用瞬时式安全钳。安装过程如下：

1）安装位置与尺寸。

安装在轿架下横梁两端的连接板上，螺栓螺母不必拧得过紧，尺寸见说明书。

2）调整耐磨衬与导轨两侧的间隙，保证两侧间隙为 2.5mm ±0.1mm，调整后将螺栓和螺母旋紧。

3）将安全钳提拉杆螺栓旋到安全钳楔块上，使楔块提升 0.5mm，拉杆旋入的深度为 18.25mm，最后用螺母锁紧，防止提拉杆松动。

4）用微小力提起拉杆，使两楔块同时接触导轨，在提升时不应有卡住的现象，达到工作位置时，楔块对导轨应有微夹紧现象，然后将楔块放到非工作面位置。

（四）轿壁安装

电梯轿壁分为前围壁、侧围壁、侧后围壁、后围壁等，其安装过程如下：

1）轿厢壁板表面在出厂时贴有保护膜，在装配前应用裁纸刀清除其折弯部分的保护膜。

2）拼装轿壁可根据井道内轿厢四周的净空尺寸情况，预先在层门口将单块轿壁组装成几大块，首先安放轿壁与井道间隙最小的一侧，并用螺栓与轿厢底盘初步固定，再依次安装其他各侧轿壁。待轿壁全部装完后，紧固轿壁板间及轿底间的固定螺栓，同时将各轿壁板间的嵌条和与轿顶接触的上平面整平。

3）轿壁底座和轿厢底盘的连接及轿壁与轿壁底座之间的连接要紧密。各连接螺钉要加弹簧垫圈，以防因电梯的振动而使连接螺钉松动。若因轿厢底盘局部不平而使轿壁底座下有缝隙时，要在缝隙处加调整垫片垫实。

4）安装轿壁，可逐扇安装，亦可根据情况将几扇先拼在一起再安装。轿壁安装后再安装轿顶。但要注意轿顶和轿壁穿好连接螺钉后不要紧固。要在调整轿壁垂直度偏差不大于1/1000的情况下逐个将螺钉紧固。

5）安装完后要求接缝紧密，间隙一致，嵌条整齐，轿厢内壁应平整一致，各部位螺钉垫圈必须齐全，紧固牢靠。

有自动门机构的轿门，其碰撞力小于150N，且各层门撞力基本相同。门关闭后，门扇之间和门扇与门柱、门楣或地坎之间隙应尽可能小，客梯为1～6mm，货梯为1～8mm。

（五）轿顶及轿顶轮安装

1）轿顶接线盒、线槽、电线管、安全保护开关等要按厂家安装图安装。若无具体安装要求规定，则根据保证功能、便于检修和易于安装的原则进行布置。

2）安装、调整开门机构和传动机构，使门在开关过程中有合理的速度变化，而又能在开关门到位时无冲击，并符合厂家的有关设计要求。若厂家无明确规定，则按其功能可靠、运行灵活、安全高效的原则进行调整。一般开关门的平均速度为0.3m/s，关门时限为3.0～5.0s，开门时限为2.5～4.0s。

3）轿顶上需能承受两个人同时上去工作，其构造必须达到在任何位置能承受2kN的垂直力而无永久变形的要求。因此除尺寸很小的轿厢可做成框架形整体轿顶外，一般电梯均分成若干块形成独立的框架构件拼接而成。

4）井道壁离轿顶外侧水平方向自由距离超过0.3m时，轿顶应当装设护栏，并且满足以下要求：由扶手、0.10m高的护脚板和位于护栏高度一半处的中间栏杆组成；当自由距离不大于0.85m时，扶手高度不小于0.70m；当自由距离大于0.85m时，扶手高度不小于1.10m；护栏装设在距轿顶边缘最大为0.15m之内，并且其扶手外缘和井道中的任何部件之间的水平距离不小于0.10m；护栏上有关于俯扶或斜靠护栏危险的警示符号或须知；护栏的固定必须坚固，各连接螺栓要加弹簧垫圈紧固，以防松动。

5）平层传感器和开门传感器要根据传感原理和实际位置的定位来调整，要求横平竖直，各侧面应在同一垂直平面上，其垂直度偏差不大于1mm。

轿顶轮根据钢丝绳绕法不同，在上梁上装绳头板或轿顶轮。在装轿顶轮时，应调整其与轿架上梁之间的间隙。轿顶轮与上梁间的间隙相互差值不应超过1mm，轿顶轮铅垂度不超过1mm，如图3-2-9所示。

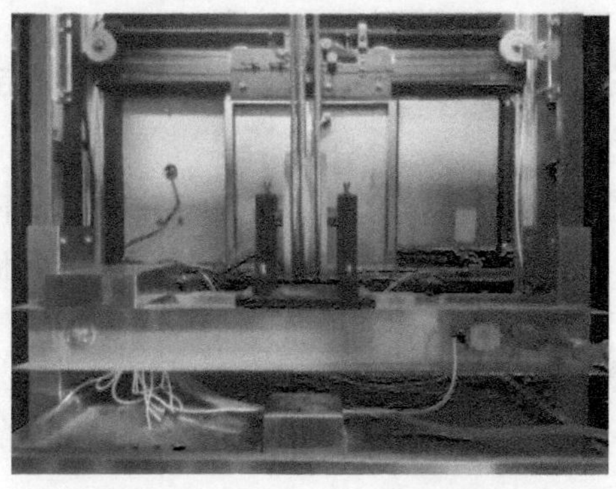

图3-2-9　轿顶轮与上梁间隙

安装对重架

拆除顶层平台

五、对重和曳引绳的安装

（一）对重装置安装

对重装置用以平衡轿厢自重及部分起重量，如图3-2-10所示。其安装过程如下：

1）在安装时先拆去对重架上一边的上下各一只导靴，然后将对重架放入导轨再将拆下的导靴装上。如当轿厢支架与对重架在同一个组合件上，对重架先放入好。

2）在对重导轨中心处由底坑起5m左右高处，牢固地悬吊一只手拉葫芦，用于起吊对重装置。

图3-2-10　对重安装

3）轿厢在两端站平层位置时，对重底缓冲板或轿厢下梁缓冲板至缓冲器顶面间的距离S参照表3-2-1。

表3-2-1　对重底缓冲板或轿厢下梁缓冲板至缓冲器顶面间距离设定

额定速度/(m/s)	所用的缓冲器	S/mm
0.5~1	弹簧	200~350
1.5~3.0	油压	150~400

4）吊起的对重架至选定的 S 值高度位置，用木柱垫好，接着安装上下导靴。

5）待钢丝绳装好，去掉木桩后，装上安全栅栏，其底部距地不大于 300mm，顶部距地不小于 2500mm，且宽至少等于运动部件需保护部分的宽度每边各加 100mm。

6）将对重块逐一加入架内，用压紧装置将对重块固定。

$$对中的总重量 = 轿厢自重 + (40 \sim 50)\% 额定起重量$$

安装底坑设备

（二）曳引钢丝绳的安装

曳引钢丝绳安装时需要截取曳引绳，然后再安装。其过程如下：

1）曳引绳截取的长度，必须根据电梯安装实际情况定，轿厢位于顶层位置，对重位于底层距缓冲器行程处 S 的位置，采用 2mm 的铅丝由轿架上梁起通过机房内径绕至对重上部的钢丝绳锥套组合处做实际测量，加上轿厢在安装时实际位置高出最高楼层面的一段距离，并加 0.5mm 的余量，即为曳引绳的所需长度。

安装钢丝绳

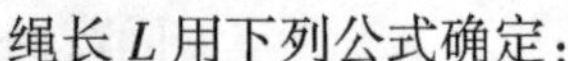

绳长 L 用下列公式确定：

单绕式：$L = 0.996 \times (x + 2z + q)$

复绕式：$L = 0.996 \times (x + 2z + 2q)$

加装对重块及安装补偿

式中，z 为钢丝绳在椎体内的长度（包括钢丝绳在绳头锥套内回弯部分）；q 为轿厢地坎高出厅门地坎的高度；用 2.5mm^2 以上的铜线从轿厢绕过曳引轮、导向轮至对重，测量轿厢绳头椎体出口至对重绳头椎体出口的长度为 x。

2）截绳时，先用汽油将绳擦干净，并检查有无打结、扭曲、松股等现象。最好在地上预拉伸，以消除内应力；或者在挂绳时一端与轿架上梁固定，另一端自由悬挂，这也能起到部分消除内应力的作用。

3）为避免截取时绳股松散，应先用 22 号铅丝分三段扎紧，然后再截断。

4）用汽油清洗锥套，再将绳穿入，解开绳端的铅丝，将各股钢丝松散拧成花结或回环。接着将做好的绳套拉入锥套内，钢丝不得露出锥套。将巴氏合金加热到 270 ~ 350℃（即到颜色变成发黄的程度）去除渣滓，同时把锥套预热到 40 ~ 50℃，此时即可浇灌，位置应高出锥套浇口面 10 ~ 15mm。钢丝绳及其锥套的结合处，至少应该承受钢丝绳最小破断负荷的 80%。

5）挂曳引绳，将绳从轿厢顶起通过机房楼板绕过曳引轮、导向轮，至对重上端，两端连接牢靠。

6）曳引绳挂好后，用井道顶的葫芦提起轿厢，拆除托轿厢的横梁，将轿厢缓慢放下，放下后初步调整绳头组合螺母，然后在电梯运行一段时间后再调整曳引绳，使每根曳引绳应均匀受力。其张力与平均值偏差均不大于 5%，且每个绳头锁紧螺母均应安装有锁紧销。

六、缓冲器的安装

缓冲器分为弹簧缓冲器（蓄能型缓冲器）和油压缓冲器（耗能型缓冲器）两种，蓄能缓冲器适用于 $v \leqslant 1$m/s 的电梯，耗能型缓冲器适用于任何额定速度的电梯。

1）轿厢下越程：轿底平面与底层平面地坪平齐时，轿底梁缓冲板到缓冲器顶面的距离为越程，当使用弹簧缓冲器时，此越程为 200 ~ 350mm。当使用油压缓冲器时，越程为 150 ~ 400mm。

2）对重下越程：轿底平面与顶层平面地坪平齐时，对重架缓冲板至缓冲器顶面距离为越程。当使用弹簧缓冲器时，越程为 200 ~ 350mm；当使用油压缓冲器时，越程为 150 ~400mm。

3）安装缓冲器的技术要求：

按电梯土建总布置图定的平面位置，对于有底坑槽钢的电梯，通过螺栓把缓冲器固定在底坑槽钢上；没设底坑槽钢的电梯，砌混凝土墩将缓冲器按照越程要求架起，采用地脚螺栓或膨胀螺栓固定。

缓冲器中心对轿底梁缓冲板或对重架缓冲板的中心偏移不得超过 20mm；

在同一基础上安装 2 个缓冲器时，其顶面相对高度差不得超过 2mm；

油压缓冲器活动柱塞的铅垂度差值不应超过 0.5mm，充液量正确。

七、限速器及张紧轮的安装

1）限速器在出厂之前已经严格测试检查，已规定了使用速度范围，安装时不得随意调整限速器的弹簧压力，以免影响限速器的动作速度。

2）限速器是限制电梯轿厢超速下行的安全装置，当电梯超速到限速器动作的速度时，限速器动作，限速器动作后立即将限速器钢丝绳扎住，并同时将安全钳开关断开，使曳引机和制动器失电停止运行，如轿厢因失控或打滑而继续下坠，限速器就拉动安全钳拉杆，使安全钳动作，将轿厢牢牢固定在导轨上。

3）在承重梁或机房楼板上装限速器底板安装限速器。

4）限速器钢丝绳的连接采用小锥套，工艺与曳引钢丝绳相同。

5）限速器和张紧轮装置的安装应使限速器绳轮的铅垂度不超过 0.5mm。绳索至导轨的距离的偏差均不应超过 10mm。

6）调整张紧轮装置的松绳安全开关到适当位置，当绳索伸长或拉断时应能断开控制电路，迫使电梯停止运行。

7）绳索张紧装置底面距底坑地面的高度为 450mm ±50mm。

8）限速器动作速度不低于额定速度的 115%，且小于下列数值：

① 0.8m/s，滚柱式以外的瞬时式安全钳。

② 1.0m/s，滚柱式的瞬时式安全钳。

③ 1.5m/s，用于额定速度（v）不超过 1.0m/s 的渐进式安全钳。

④ 1.75m/s，用于电梯额定速度超过 1.0m/s 的渐进式安全钳。

9）限速器上应标明与安全钳动作相应的旋转方向。

10）限速器动作时，限速器绳的张紧力至少应为以下两个值的较大值：300N，安全钳起作用所需力的两倍。

11）张紧设备的轮架，应保证在导轨上灵活运动，如图 3-2-11 所示，用于调整张紧度。

八、补偿链的安装

当电梯提升高度超过 30m 时，应采用补偿链，其一端连接在对重下部，另一端连接在轿厢架下部。补偿链的长度 L = 提升高度 +5000mm，在安装时链条中应串入旗绳，旗绳长度 $L_1 = 3L$，安装补偿链可在电梯调试时进行。

图 3-2-11　张紧设备

3.3 电梯电气设备安装

知识点三　电梯电气设备安装

- 一、井道内电气设备安装
- 二、机房电气设备安装与维修

一、井道内电气设备安装

（一）电线槽或管敷设

1）线槽或管装于厅门口内侧墙上，在机房楼板管槽预留孔上 25mm 处放下一根铅垂线，并在底坑内固定，为安装线槽或管校正用。

2）电锤打孔，固定膨胀螺栓。

3）测量每层的标高，在每层的召唤箱、层楼指示箱对应的位置处根据电线数量选择适当的开孔口径，连接金属软管与电线管。

4）按照接线图上电线数量，将电线放入线槽内，电线两端标明线号，分别穿过金属软管与各层楼指示、召唤按钮箱、厅门机械电气联锁装置等连接。

5）线槽与金属软管用接头成直角连接，井道中间接线盒与电控屏之间亦用线槽连接。

（二）敷设导线的注意事项

1）导线数量应留有充足的余量，对电线槽敷设电线的总面积（包括绝缘层）不应超过线槽内净面积的 60%。

2）对于按钮、接近开关等易受外界信号干扰的线路，应采用金属屏蔽线，以避免相互干扰发生失误动作。

3）动力和控制线路分别敷设，导线出入金属管口或通过金属板壁处应加强绝缘和光滑护口保护。

4）应采用不同颜色的电线，使用单色电线时，需在电线两端刻上接线标记。

（三）层楼指示、召唤箱、消防按钮的安装

先将盒中电器零件拆出，妥善保管，按布置图要求将接线盒埋在墙上，用水泥砂浆将盒边与墙抹平，测量金属软管长度，穿导线与线槽（或接线盒）相连接，再将电器零件装好，按号接线，最后将面板装好。

（四）电缆的安装

安装随行电缆

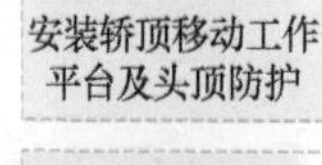

安装轿顶移动工作平台及头顶防护

调试慢车前安装报警装置

1）在轿厢架下梁和井道壁上把电缆架固定好，井道电缆架装在提升高度一半再加1.5m高度的井道壁上，用地脚螺栓固定。

2）将电缆一端与轿底电缆架连接，另一端与井道电缆架连接，电缆弯曲半径不小于400mm，两端留出结扎的长度。

3）电缆长度要合适，当轿厢在底层时，电缆不得与底坑的缓冲器相碰；当轿厢撞顶蹲地时，电缆不致拉紧，要有足够的垂挂长度。电缆挂上电缆架后，用20号铅丝扎紧，使电缆与套筒无转动，捆绑长度约30mm，然后回弯再用铅丝扎紧一次，使捆绑牢固。

（五）轿顶电气设备安装

（1）轿顶接线盒的安装

轿顶接线盒位于轿顶轿门侧，用螺栓连接在轿顶板上，轿厢电缆电线汇总于该箱，再分别接操纵箱、轿顶开门机等的管线等，如图3-3-1所示。

（2）限位开关的安装

它是防止轿厢在最高层和最底层超程行驶的限位装置，当轿厢位于最高层、最底层超行40～70mm处即起作用，切断控制回路，促使轿厢停止运行，如图3-3-2所示。

图3-3-1 轿顶接线盒

图3-3-2 限位开关的安装

（3）端站强迫减速装置的安装

当光电传感器失误时，防止轿厢行驶至最高层、最底层时，快速撞顶蹲地的装置即为端站强迫减速装置。交流电梯该装置安装在井道内轿厢导轨架上，利用轿厢后侧隔板来起作用。

当电梯速度大于或等于 1.6m/s 时，顶层和底层各装两只（多层、单层），其位置与选层器的最高或最底层换接位置相对应。为了使智能仿真电梯与真实电梯更相似，在导轨上安装有 4 个光电传感器进行电梯减速，同时在 PLC 系统中充当楼层信号。

用双稳态磁开关时，将双稳态开关装在轿厢导轨侧的上方，并将磁铁装在对应双稳态磁开关未知的导轨两侧，其作用同上，如图 3-3-3 所示。

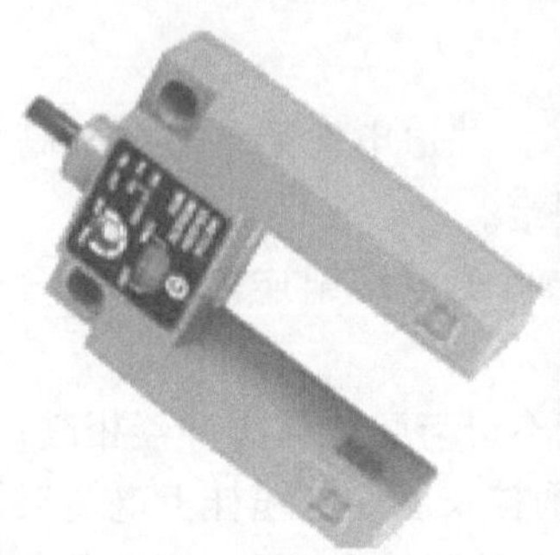

图 3-3-3　双稳态磁开关

（4）平层器的安装

平层器位于轿顶上梁下侧固定架上，利用装在各层轿厢导轨上插板，使干簧传感器动作，控制平层开门。在调整好厅门与轿厢地坎的间隙后，调整干簧传感器与插板间隙相一致。用双稳态磁开关时，装法同上，如图 3-3-4 所示。

图 3-3-4　平层器

（5）安全钳联动开关的安装

在轿厢上梁上安装安全钳联动开关，当电梯下行方向超速行驶时，安全钳动作，使开关断开，切断电梯控制回路电源，如图 3-3-5 所示。

图 3-3-5　安全钳联动开关

二、机房电气设备安装与维修

（一）控制柜

根据布置图的要求，控制柜位置一般应远离门窗，与门窗、墙的距离不小于

1+X职业技能等级证书（智能网联电梯维护）配套教材

智能网联电梯维护

（初、中级）

活页任务书

刘　勇　杨玉杰　李伟忠　编
黄华圣　主审

机械工业出版社

目　录

任务一　智能网联电梯电工电子测量 …… 1
任务二　智能网联电梯电气基本操作 …… 3
任务三　智能网联电梯保养（半月） …… 5
任务四　智能网联电梯保养（季度） …… 7
任务五　智能网联电梯保养（半年） …… 9
任务六　智能网联电梯保养（年度） …… 11
任务七　智能网联电梯物联网智慧监测设备维护 …… 13
任务八　智能网联电梯部件的调整 …… 15
任务九　智能网联电梯 IC 卡技术应用 …… 17
任务十　智能网联电梯群控呼梯响应技术应用 …… 19
任务十一　电梯一体化调试与维修——如何进行快车试运行 …… 21
任务十二　电梯一体化调试与维修——根据故障代码进行排故 …… 23
任务十三　电梯物联网智慧监测设备维护——对于智能网联电梯终端设备的调拨 …… 25
任务十四　电梯物联网智慧监测设备维护——云平台的使用 …… 27
任务十五　电梯维修——电梯调速操作 …… 31
任务十六　电梯维修——电梯故障排除（仿真电梯） …… 35
任务十七　电梯维修——电梯故障排除（真实轿厢） …… 37
任务十八　门机一体机调试 …… 39
任务十九　门机一体机安装 …… 43
任务二十　电梯物联网智慧监测——下级账号的开通 …… 45
任务二十一　电梯物联网智慧监测——短信设置 …… 47

任务一　智能网联电梯电工电子测量

任务名称	智能网联电梯电工电子测量	所需课时	
实施班级		实施时间	

任务目标：

1. 掌握绝缘电阻表、万用表、钳形电流表的使用
2. 掌握电动机、主电路、控制电路的绝缘电阻测量方法

能力目标：

1. 能够用绝缘电阻表测各类电梯的电动机、主电路、控制电路绝缘电阻等
2. 能够用指针式（数字式）万用表测电梯电路节点电压、电流，测量电阻、二极管等

笔记：

任务准备：

1. 绝缘电阻表、数字万用表各 1 个
2. 智能网联电梯 1 套

任务实施：

任务内容一：电梯电动机、主电路、控制电路绝缘电阻的测量

1）将绝缘电阻表的一端连接主电路、控制电路中的一个节点，另一端连接控制柜接地端子。摇动绝缘电阻表的摇杆，观看其指针是否在允许区间。

2）将绝缘电阻表的一端连接电动机电路中的一个节点，另一端连接接地端子。摇动绝缘电阻表的摇杆，观看其指针是否在允许区间。

任务内容二：交流电路和直流电路中节点电压测量

1）在直流电路中，万用表打到直流 200V 档位，黑表笔连接 0V，红表笔连接电路中的任意直流电路节点可测量该节点的电压。测量直流电源电压时，使红表笔对准正极，黑表笔对准负极，万用表显示 24V。

2）在交流电路中，万用表调节到交流电压 750V 档位，红黑两只表笔分别连接交流电路中两个不同的电路节点，可测量两个节点之间的电压。比如：测量电源电压时，使红黑表笔分别接相线和中性线，万用表显示 220V，表笔连接两相线，万用表则显示 380V。

笔记：

任务评价：

任务考核采取教师评价、小组自评、小组互评相结合，其中教师评价占成绩的 50%，小组自评、小组互评各占 25%。

笔记：

评分项目	规范性评分内容	评分标准要求	得分		
			教师评分（50%）	小组自评（25%）	小组互评（25%）
功能性 80 分	电梯电动机、主电路、控制电路绝缘电阻的测量（40 分）	绝缘电阻测量错误，一处扣 3 分			
	电路节点电压测量（20 分）	电压测量错误，一处扣 3 分			
	万用表使用正确（20 分）	档位及量程选择、收表错误，一处扣 3 分			

（续）

评分项目	规范性评分内容	评分标准要求	得分			笔记：
			教师评分（50%）	小组自评（25%）	小组互评（25%）	
规范性20分	职业素养（10分）	违反课堂规定和纪律，一次扣2分				
	操作规范（10分）	不按照规范操作，每次扣1分；操作完毕，设备、工具未复位的，扣2分；扣完为止				
分项得分						
最终得分						

任务二　智能网联电梯电气基本操作

<table>
<tr><td>任务名称</td><td colspan="2">智能网联电梯电气基本操作</td><td>所需课时</td><td></td></tr>
<tr><td>实施班级</td><td colspan="2"></td><td>实施时间</td><td></td></tr>
<tr><td colspan="2">任务目标：
1. 掌握电梯主电路的检查方法
2. 掌握电梯控制电路和安全回路的检查方法
3. 能够看懂电路安装图样</td><td colspan="2">能力目标：
1. 能够检查电梯主电路
2. 能够检查电梯控制电路和安全回路
3. 观看图样，能够知道电路的器件及其功能</td><td rowspan="2">笔记：</td></tr>
<tr><td colspan="4">任务准备：
1. 数字万用表 1 个
2. 智能网联电梯 1 套</td></tr>
<tr><td colspan="4">任务实施：
任务内容一：观看电路图样
观看电路图样，知道主电路、安全回路、控制电路中的器件及其功能。
任务内容二：现场机械、电气接线检查
在系统上电之前要进行外围接线的检查，确保部件及人身安全。
• 检查电路中有无短路现象；
• 安全回路导通且工作可靠；
• 门锁回路导通且工作可靠；
• 外围按照图样正确接线；
• 每个开关工作正常、动作可靠；
• 检查主回路相间电阻值是否符合要求；
• 检查井道的槽形光电开关与楼层挡片是否会发生碰撞。
任务内容三：旋转编码器检查
编码器反馈的脉冲信号是系统实现精准控制的重要保证，调试之前要重点检查。
• 编码器安装稳固，接线可靠；
• 编码器信号线与强电回路分槽布置，防止干扰；
• 编码器连线最好直接从编码器引入控制柜，若连线不够长，则需要接线，延长部分也应该用屏蔽线并且与编码器原线的连接最好用电烙铁焊接；
• 编码器屏蔽层要求在控制器一端可靠接地（为免除干扰，建议单端接地）。
任务内容四：电源接线
在设备上电前先用万用表测量漏电保护器进线电压是否正常：相电压为 220V，线电压为 380V，用户电源各线间电压应在 380V（1 ± 15%）以内，三相不平衡度不超过 ±3%。电压正常后方可上电。系统进电电压超出允许值会造成破坏性后果，要重点检查。直流电源应注意区分正负极，检查端子上排是否有 24V 电压，系统进电缺相时请不要运行。主控板控制器进电 24V 与 COM 间进电电压应为 DC 24V（1 ± 5%）。</td><td>笔记：</td></tr>
</table>

（续）

任务评价：

任务考核采取教师评价、小组自评、小组互评相结合，其中教师评价占成绩的50%，小组自评、小组互评各占25%。

评分项目	规范性评分内容	评分标准要求	得分		
			教师评分（50%）	小组自评（25%）	小组互评（25%）
功能性80分	现场机械、电气接线检查（40分）	无短路现象，安全回路、门锁回路检查，错误一处扣3分			
	旋转编码器检查（20分）	编码器安装稳固，接线可靠，可靠接地，错误一处扣3分			
	电源接线（20分）	使用万用表进行电压测量，错误一处扣3分			
规范性20分	职业素养（10分）	违反课堂规定和纪律，一次扣2分			
	操作规范（10分）	不按照规范操作，每次扣1分；操作完毕，设备、工具未复位的，扣2分；扣完为止			
分项得分					
最终得分					

笔记：

任务三　智能网联电梯保养（半月）

<table>
<tr><td>任务名称</td><td colspan="2">智能网联电梯保养（半月）</td><td>所需课时</td></tr>
<tr><td>实施班级</td><td colspan="2"></td><td>实施时间</td></tr>
<tr><td colspan="2">任务目标：
1. 熟悉电梯半月维护保养项目（内容）和要求
2. 能够对电梯进行基本的维护保养，达到安全技术规范和使用维护说明书的要求</td><td colspan="2">能力目标：
1. 能够对电梯进行基本的维护保养
2. 了解减速器、制动器、电动机、轴承、曳引钢丝绳、限速器、安全钳、导轨、导靴等电梯零部件的保养方法
3. 能够独立完成电梯简单故障的检查、维修
4. 能够甄别电梯的异常，并发现异常的位置</td><td>笔记：</td></tr>
<tr><td colspan="4">任务准备：
1. 维保工具 1 套
2. 智能网联电梯 1 套</td><td></td></tr>
<tr><td colspan="4">任务实施：</td><td>笔记：</td></tr>
</table>

任务内容：半月维保内容及要求

序号	维保内容	维保基本要求	完成情况
1	机房、滑轮间环境	清洁、门窗完好，照明正常	
2	手动紧急操作装置	齐全，在指定位置	
3	曳引机	运行时无异常振动和异常声响	
4	制动器各销轴部位	动作灵活	
5	制动器间隙	打开时制动衬与制动轮不发生摩擦	
6	编码器	清洁，安装牢固	
7	限速器各销轴部位	转动灵活；电气开关正常	
8	轿顶	清洁，防护栏安全可靠	
9	轿顶检修开关、急停开关	工作正常	
10	导靴上油杯	吸油毛毡齐全，油量适宜，油杯无漏泄	
11	对重块及其压板	对重块无松动，压板紧固	
12	井道照明	齐全、正常	
13	轿厢照明、风扇、应急照明	工作正常	

（续）

序号	维保内容	维保基本要求	完成情况
14	轿厢检修开关、急停开关	工作正常	
15	轿内报警装置、对讲系统	工作正常	
16	轿内显示、指令按钮	齐全、有效	
17	轿内安全装置（安全触板、光幕、光电等）	功能有效	
18	轿内门锁电气触点	清洁，触点接触良好，接线可靠	
19	轿门运行	开启和关闭工作正常	
20	轿厢平层精度	符合标准	
21	层站召唤、层楼显示	齐全有效	
22	层门地坎	清洁	
23	层门自动关门装置	正常	
24	层门门锁自动复位	用层门钥匙打开自动开锁装置释放后，层门门锁能自动复位	
25	层门门锁电器触点	清洁，触点接触良好，接线可靠	
26	层门锁紧元件啮合长度	不小于7mm	
27	地坑环境	清洁，无掺水和积水，照明正常	
28	地坑急停开关	工作正常	

笔记：

任务评价：

任务考核采取教师评价、小组自评、小组互评相结合，其中教师评价占成绩的50%，小组自评、小组互评各占25%。

评分项目	规范性评分内容	评分标准要求	得分		
			教师评分（50%）	小组自评（25%）	小组互评（25%）
功能性80分	半月维保内容（80分）	维保内容每错一处扣3分			
规范性20分	职业素养（10分）	违反课堂规定和纪律，一次扣2分			
	操作规范（10分）	不按照规范操作，每次扣1分；操作完毕，设备、工具未复位的，扣2分；扣完为止			
分项得分					
最终得分					

笔记：

任务四　智能网联电梯保养（季度）

任务名称	智能网联电梯保养（季度）	所需课时	
实施班级		实施时间	

任务目标：

1. 熟悉电梯季度维护保养项目（内容）和要求
2. 对电梯进行基本的维护保养，达到安全技术规范和使用维护说明书的要求

能力目标：

1. 能够对电梯进行基本的维护保养
2. 了解减速器、制动器、电动机、轴承、曳引钢丝绳、限速器、安全钳、导轨、导靴等电梯零部件的保养方法
3. 能够独立完成电梯简单故障的检查、维修
4. 能够甄别电梯的异常，并发现异常的位置

笔记：

任务准备：

1. 维保工具 1 套
2. 智能网联电梯 1 套

任务实施：

任务内容：季度维保内容及要求

序号	维保内容	维保基本要求	完成情况
1	减速机润滑油	油量适宜，除涡轮杆伸出端外均无渗漏	
2	制动衬	清洁，磨损量不超过制造单位要求	
3	位置脉冲发生器	工作正常	
4	选层器动静触点	清洁，无烧蚀	
5	曳引轮槽、曳引钢丝绳	清洁，无严重油腻，张力均匀	
6	限速器轮槽、限速器钢丝绳	清洁，无严重油腻	
7	靴衬、滚轮	清洁，磨损量不超过制造单位要求	
8	验证轿内关闭的电气安全装置	工作正常	
9	层门、轿门系统中传动钢丝绳链条，胶带	按照制造单位要求清洁和调整	
10	层门导靴	磨损量不超过制造单位要求	

笔记：

（续）

序号	维保内容	维保基本要求	完成情况
11	消防开关	工作正常，功能有效	
12	耗能缓冲器	电气安全装置功能有效，油量适宜，柱塞无锈蚀	
13	限速器张紧轮装置和电气安全装置	工作正常	

笔记：

任务评价：

任务考核采取教师评价、小组自评、小组互评相结合，其中教师评价占成绩的50%，小组自评、小组互评各占25%。

评分项目	规范性评分内容	评分标准要求	得分		
			教师评分（50%）	小组自评（25%）	小组互评（25%）
功能性80分	季度维保内容（80分）	维保内容每错一处扣3分			
规范性20分	职业素养（10分）	违反课堂规定和纪律，一次扣2分			
	操作规范（10分）	不按照规范操作，每次扣1分；操作完毕，设备、工具未复位的，扣2分；扣完为止			
分项得分					
最终得分					

笔记：

任务五　智能网联电梯保养（半年）

<table>
<tr><td>任务名称</td><td colspan="2">智能网联电梯保养（半年）</td><td>所需课时</td><td></td></tr>
<tr><td>实施班级</td><td colspan="2"></td><td>实施时间</td><td></td></tr>
<tr><td colspan="2">任务目标：
1. 熟悉电梯半年维护保养项目（内容）和要求
2. 能够对电梯进行基本的维护保养，达到安全技术规范和使用维护说明书的要求</td><td colspan="2">能力目标：
1. 能够对电梯进行基本的维护保养
2. 了解减速器、制动器、电动机、轴承、曳引钢丝绳、限速器、安全钳、导轨、导靴等电梯零部件的保养方法
3. 能够独立完成电梯简单故障的检查、维修
4. 能够甄别电梯的异常，并发现异常的位置</td><td rowspan="2">笔记：</td></tr>
<tr><td colspan="4">任务准备：
1. 维保工具1套
2. 智能网联电梯1套</td></tr>
<tr><td colspan="4">任务实施：
任务内容：半年维保内容及要求</td><td>笔记：</td></tr>
</table>

序号	维保内容	维保基本要求	完成情况
1	电动机与减速机联轴器螺栓	无松动	
2	曳引机、导向轮轴承部	无异常声，无振动，润滑良好	
3	曳引轮槽	磨损量不超过制造单位要求	
4	制动器上检测开关	工作正常，制动器动作可靠	
5	控制柜内各接线端子	接线紧固、整齐、线号齐全清晰	
6	控制柜各仪表	显示正确	
7	井道、对重、轿顶各反绳轮轴承部	无异常声，无振动，润滑良好	
8	曳引绳、补偿绳	磨损量、断丝数不超过制造单位要求	
9	曳引绳绳头组合	螺母无松动	
10	限速器钢丝绳	磨损量、断丝数不超过制造单位要求	
11	层门、轿门门扇	门扇各相关间隙符合标准	

（续）

序号	维保内容	维保基本要求	完成情况
12	对重缓冲距	符合标准	
13	补偿链（绳）与轿厢、对重接合处	固定、无松动	
14	上下极限开关	工作正常	

笔记：

任务评价：

任务考核采取教师评价、小组自评、小组互评相结合，其中教师评价占成绩的50%，小组自评、小组互评各占25%。

评分项目	规范性评分内容	评分标准要求	得分		
			教师评分（50%）	小组自评（25%）	小组互评（25%）
功能性80分	半年维保内容（80分）	维保内容每错一处扣3分			
规范性20分	职业素养（10分）	违反课堂规定和纪律，一次扣2分			
	操作规范（10分）	不按照规范操作，每次扣1分；操作完毕，设备、工具未复位的，扣2分；扣完为止			
分项得分					
最终得分					

笔记：

任务六　智能网联电梯保养（年度）

<table>
<tr><td>任务名称</td><td colspan="2">智能网联电梯保养（年度）</td><td>所需课时</td><td></td></tr>
<tr><td>实施班级</td><td colspan="2"></td><td>实施时间</td><td></td></tr>
<tr><td colspan="2">任务目标：
1. 熟悉电梯年度维护保养项目（内容）和要求
2. 能够对电梯进行基本的维护保养，达到安全技术规范和使用维护说明书的要求</td><td colspan="2">能力目标：
1. 能够对电梯进行基本的维护保养
2. 了解减速器、制动器、电动机、轴承、曳引钢丝绳、限速器、安全钳、导轨、导靴等电梯零部件的保养方法
3. 能够独立完成电梯简单故障的检查、维修
4. 能够甄别电梯的异常，并发现异常的位置</td><td rowspan="2">笔记：</td></tr>
<tr><td colspan="4">任务准备：
1. 维保工具 1 套
2. 智能网联电梯 1 套</td></tr>
<tr><td colspan="4">任务实施：</td><td>笔记：</td></tr>
</table>

任务内容：年度维保内容及要求

序号	维保内容	维保基本要求	完成情况
1	减速机润滑油	按照制造单位要求适时更换，保证油质符合要求	
2	控制柜接触器、继电器触点	接触良好	
3	制运器铁心（柱塞）	进行清洁、润滑、检查，磨损量不超过制造单位要求	
4	制动器制动弹簧压缩量	符合制造单位要求，保持有足够的制动力	
5	导电回路绝缘性能测试	符合标准	
6	限速器安全钳联动试验	工作正常	
7	上行超速保护装置动作试验	工作正常	
8	轿顶、轿厢架、轿门及其附近安全螺栓	紧固	

（续）

序号	维保内容	维保基本要求	完成情况
9	轿厢和对重的导轨支架	固定，无松动	
10	轿厢和对重的导轨	清洁，压板牢固	
11	随行电缆	无损伤	
12	层门装置和地坎	无影响正常使用的变形，各安装螺栓紧固	
13	轿厢称重装置	准确有效	
14	安全钳钳座	固定，无松动	
15	轿底各安装螺栓	紧固	
16	缓冲器	固定，无松动	

笔记：

任务评价：

任务考核采取教师评价、小组自评、小组互评相结合，其中教师评价占成绩的50%，小组自评、小组互评各占25%。

评分项目	规范性评分内容	评分标准要求	得分		
			教师评分（50%）	小组自评（25%）	小组互评（25%）
功能性80分	年度维保内容（80分）	维保内容每错一处扣3分			
规范性20分	职业素养（10分）	违反课堂规定和纪律，一次扣2分			
	操作规范（10分）	不按照规范操作，每次扣1分；操作完毕，设备、工具未复位的，扣2分；扣完为止			
分项得分					
最终得分					

笔记：

任务七　智能网联电梯物联网智慧监测设备维护

任务名称	智能网联电梯物联网智慧监测设备维护	所需课时	
实施班级		实施时间	

任务目标：	能力目标：	笔记：
了解电梯云平台，并通过云平台监控电梯情况	1. 了解电梯云平台设备组成 2. 熟悉电梯云平台的功能及调度，能够通过云平台监控电梯维保情况	
任务准备： 智能网联电梯 1 套		

任务实施：

笔记：

任务内容一：了解云平台的设备组成

电梯云平台主要由 4G 音视频网关、数字摄像头、一体机控制器、手机、PC 机组成，云平台设备接线图如下图所示。

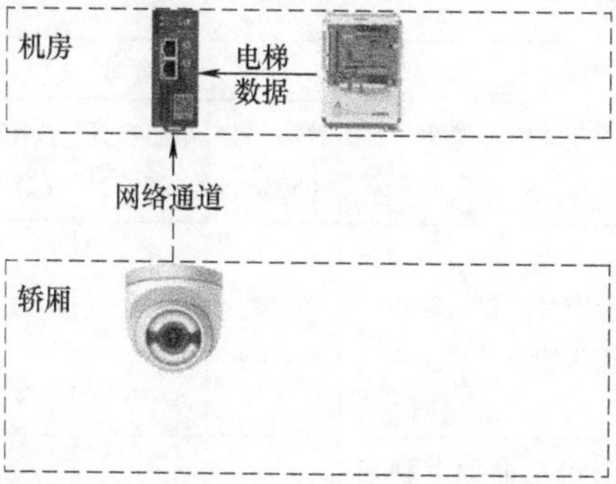

任务内容二：了解云平台的功能

云平台的功能主要由权限管理、系统管理、档案管理、时间管理、监控管理、单位管理及我的账单几大部分组成。

任务内容三：使用云平台监控电梯

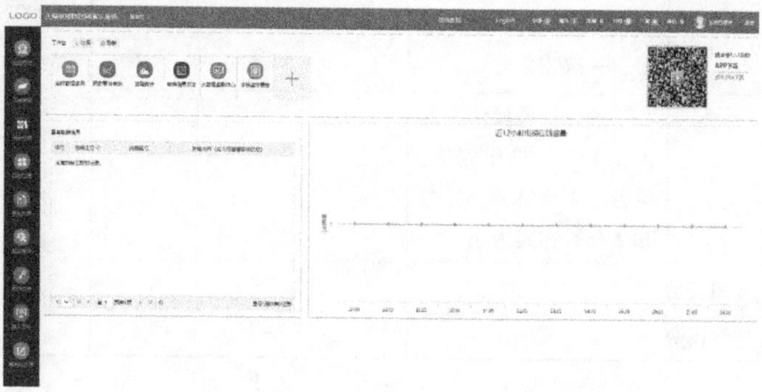

（续）

监控管理中单击实时数据监测，如下图所示。

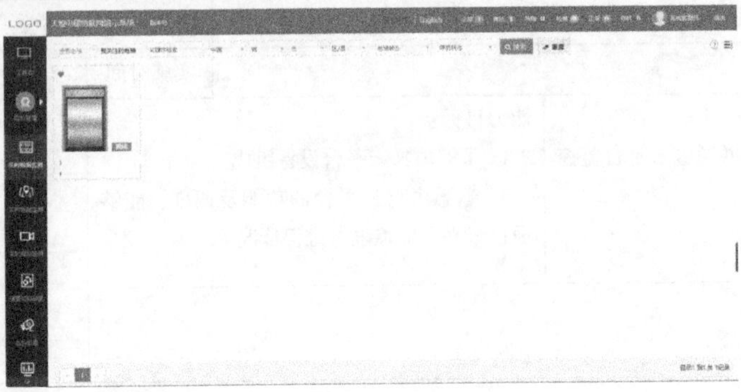

笔记：

任务评价：

任务考核采取教师评价、小组自评、小组互评相结合，其中教师评价占成绩的50%，小组自评、小组互评各占25%。

笔记：

评分项目	规范性评分内容	评分标准要求	得　分		
			教师评分（50%）	小组自评（25%）	小组互评（25%）
功能性 80分	云平台的权限管理、系统管理、档案管理、时间管理、监控管理、单位管理（40分）	云平台设置，每错一处扣3分			
	云平台对电梯的监控（20分）	云平台监控电梯设置，每错一处扣3分			
	云平台的组成（20分）	云平台的组成，每缺少一项扣3分			
规范性 20分	职业素养（10分）	违反课堂规定和纪律，一次扣2分			
	操作规范（10分）	不按照规范操作，每次扣1分；操作完毕，设备、工具未复位的，扣2分；扣完为止			
分项得分					
最终得分					

任务八　智能网联电梯部件的调整

任务名称	智能网联电梯部件的调整	所需课时	
实施班级		实施时间	

任务目标：	能力目标：	笔记：
1. 掌握电梯真实轿厢门机自动开关门机速度调整 2. 掌握仿真电梯门机限位的调整	1. 能够进行电梯真实轿厢门机自动开关门机速度调整 2. 能够进行仿真电梯门机限位调整	

任务准备：

1. 真实轿厢，能够进行电梯自动开关门机速度调整
2. 仿真电梯，门机正常，可进行限位调整

任务实施：

笔记：

任务内容一：开关门机参数的设定

1）更改 F303 可修改开门（高速）速度

2）更改 F403 可修改关门（高速）速度

操作流程：

① 单击“PRG”键进入菜单页；

② 单击“▲”键找到参数 F3/F4，单击“ENTER”键进入参数页，找到 F303/F403，再次单击“ENTER”键对参数进行修改；

③ 使用内外呼进行开关门检验。

任务内容二：开关门机限位的调整

在仿真电梯轿厢的门机处有两个限位开关，调整限位开关的物理位置可调整厅门开关门的宽度

操作流程：

① 将电梯调节至 1 层；

② 打开检修开关，使电梯进入检修状态；

③ 打开二层层门，使用工具调节开门限位开关的位置；

④ 在电梯侧面，使用工具调节关门限位开关的位置。

（续）

任务评价：

任务考核采取教师评价、小组自评、小组互评相结合，其中教师评价占成绩的50%，小组自评、小组互评各占25%。

评分项目	规范性评分内容	评分标准要求	得分		
			教师评分（50%）	小组自评（25%）	小组互评（25%）
功能性80分	开关门机参数的设定（40分）	参数设置每错一个扣3分			
	开关门机限位的调整（20分）	开关门机限位的调整，每错一个扣3分			
	仿真电梯轿厢限位开关的调整（20分）	限位开关调整，每错一个扣3分			
规范性20分	职业素养（10分）	违反课堂规定和纪律，一次扣2分			
	操作规范（10分）	不按照规范操作，每次扣1分；操作完毕，设备、工具未复位的，扣2分；扣完为止			
分项得分					
最终得分					

笔记：

任务九　智能网联电梯 IC 卡技术应用

<table>
<tr><td>任务名称</td><td colspan="2">智能网联电梯 IC 卡技术应用</td><td>所需课时</td><td></td></tr>
<tr><td>实施班级</td><td colspan="2"></td><td>实施时间</td><td></td></tr>
<tr><td colspan="2">任务目标：
掌握 IC 卡的种类、制作及使用</td><td colspan="2">能力目标：
1. 能够区段式增加、删除、查询卡号及楼层设定，如管制持卡人员出入特定允许出入之楼层，以防止随意出入各楼层而确保安全
2. 能进行时间区管制以实现系统在某段时间内开放，某段时间内受控，使电梯按规定自动运行，如节假日时间权限设置
3. 能根据需要设定 IC 卡权限，使业主获取或取消其使用电梯的权限</td><td>笔记：</td></tr>
<tr><td colspan="4">任务准备：
智能网联电梯 1 套</td><td></td></tr>
<tr><td colspan="4">任务实施：
任务内容：制卡软件的使用及卡片制作
1）IC 卡制作。
① 系统设置卡制作：打开“InoICardShop 一卡通”软件，选择制卡→管理卡→管理卡种类→系统设置卡（填写信息）→制卡；
② 系统开关卡制作：打开“InoICardShop 一卡通”软件，选择制卡→系统卡→系统卡种类→系统开关卡（填写信息）→制卡；
③ 管理员卡制作：打开“InoICardShop 一卡通”软件，选择制卡→管理卡→管理员卡类→管理员卡（填写信息）→制卡；
④ 业主卡制作：打开“InoICardShop 一卡通”软件，选择制卡→业主卡→填写业主卡相关信息（可设置多种类型）→制卡。
2）IC 卡使用。
① 首先用系统设置卡将 IC 卡控制器初始化，然后用系统开关卡来开启或关闭 IC 卡控制器的使用；
② 管理员卡不区分电梯号，可控制多部电梯使用；
③ 业主卡可设置呼梯方式、卡片类型以及电梯的使用权限等。
注意：在仿真电梯的操作盘与真实轿厢的操作盘相连时，IC 卡的开启会影响仿真电梯操作盘的使用功能。</td><td>笔记：</td></tr>
</table>

（续）

任务评价：

任务考核采取教师评价、小组自评、小组互评相结合，其中教师评价占成绩的50%，小组自评、小组互评各占25%。

评分项目	规范性评分内容	评分标准要求	得分		
			教师评分（50%）	小组自评（25%）	小组互评（25%）
功能性80分	制卡软件的使用（40分）	制卡软件参数设置正确，每错一处扣3分			
	卡片制作（20分）	卡片能够正常使用和制作，每错一处扣5分			
	使用制卡软件的熟练程度（20分）	不能熟练使用制卡软件，扣5分			
规范性20分	职业素养（10分）	违反课堂规定和纪律，一次扣2分			
	操作规范（10分）	不按照规范操作，每次扣1分；操作完毕，设备、工具未复位的，扣2分；扣完为止			
分项得分					
最终得分					

笔记：

任务十　智能网联电梯群控呼梯响应技术应用

任务名称	智能网联电梯群控呼梯响应技术应用	所需课时	
实施班级		实施时间	

任务目标：

掌握群控呼梯技术的通信

能力目标：

1. 掌握 CAN 通信和 RS485 通信群控呼梯技术的通信方式

2. 能够对简单电梯群控系统进行线路连接

3. 能够对简单电梯群控系统进行参数设置

笔记：

任务准备：

智能网联电梯 1 套

任务实施：

掌握群控呼梯技术的通信方式。

1）接线图。

MCB–C3　A梯　CAN2+　CAN2–

MCB–C3　B梯　CAN2+　CAN2–

2）参数设置

相关参数	参数描述	说明
F6－07	并联数量	两台电梯都为 2
F6－08	电梯编号	主梯设为 1；从梯设为 2
F6－09	程序选择	两台电梯 Bit3 =1 表示使用 CAN2 进行并联

操作流程：

1）主体部分。

① 自动状态：主板 X9 指示灯亮，表明电梯进入自动状态；

② 单击“PRG”键进入菜单页，找到“F6”页面，单击“ENTER”键进入参数选择页；

③ 设置并联数量：F6－07 =2，设置电梯编号 F6－08 =1；设置程序选择 F6－09：BIT3 =1。

笔记：

（续）

2）从梯操作部分：

① 自动状态：主板 X9 指示灯亮，表明电梯进入自动状态；

② 单击“PRG”键进入菜单页，找到“F6”页面，单击“ENTER”键进入参数选择页；

③ 设置并联数量：F6 - 07 = 2，设置电梯编号 F6 - 08 = 2；设置程序选择 F6 - 09：BIT3 = 1。

参数设置完成后断电重启即可调试。

笔记：

任务评价：

任务考核采取教师评价、小组自评、小组互评相结合，其中教师评价占成绩的 50%，小组自评、小组互评各占 25%。

笔记：

评分项目	规范性评分内容	评分标准要求	得分		
			教师评分（50%）	小组自评（25%）	小组互评（25%）
功能性80分	群控呼梯参数设置（40分）	参数设置，每错一处扣3分			
	群控呼梯技术的通信接线原理理解（20分）	接线方式及原理理解，每错一处扣3分			
	参数设置完成后断电重启即可调试（20分）	断电后重启并可调试，每错一次扣5分			
规范性20分	职业素养（10分）	违反课堂规定和纪律，一次扣2分			
	操作规范（10分）	不按照规范操作，每次扣1分；操作完毕，设备、工具未复位的，扣2分；扣完为止			
分项得分					
最终得分					

任务十一　电梯一体化调试与维修——如何进行快车试运行

任务名称	电梯一体化调试与维修——如何进行快车试运行	所需课时	
实施班级		实施时间	

任务目标：

掌握电梯快车调试功能

能力目标：

能够根据给定参数利用一体机进行调试，最终完成电梯快车调试功能

笔记：

任务准备：

智能网联电梯1套

注：设备已井道自学习成功，真实轿厢与仿真电梯轿厢开关门正常。

任务实施：

1）参数设置。

相关参数	参数描述	说明	备注
F7-00	内招指令登记	对应设置楼层轿内呼梯	同小键盘F-1
F7-01	外呼上行登记	对应设置楼层外招上行呼梯	/
F7-02	外呼下行登记	对应设置楼层外招下行呼梯	/
F7-03	随机运行次数	随机运行设定次数	/
F7-04	外招使能	0：外招有效 1：禁止外招	小键盘F-8设为1：封锁外招
F7-05	开门使能	0：允许开门 1：禁止开门	小键盘F-8设为2：封锁开门
F7-06	超载使能	0：禁止超载 1：允许超载	小键盘F-8设为3：封锁超载
F7-07	限位使能	0：限位有效 1：限位无效	小键盘F-8设为4：封锁限位开关
F7-08	随机运行间隔	随机运行2次时间间隔	/

通过小键盘F-8设置屏蔽测试功能后，主板显示E88：提示电梯处于测试状态。

2）操作流程。

① 自动状态：主板X9指示灯亮，表明电梯进入自动状态；

② 单击操纵盘“PRG”进入菜单页，找到参数”F7”或使用小键盘“PRG”键和“UP”键找到参数“F-1”和“F-8”；

③ F7-06=1：允许屏蔽超载信号快车运行；

④ 设置F7组参数或小键盘F-1进行测试；

⑤ 参数快车正常后，恢复F7组参数或F-1：手动恢复参数，或断电上电恢复默认值。

注：断电上电后，F7组参数会自动恢复成默认值。

井道自学习完成后，若超载功能还未调试，会造成快车运行受阻，此时可通过F7-06设为1或者小键盘F-8设为3，先使系统允许超载运行，然后测试快车的运行。

笔记：

(续)

任务评价：

任务考核采取教师评价、小组自评、小组互评相结合，其中教师评价占成绩的50%，小组自评、小组互评各占25%。

评分项目	规范性评分内容	评分标准要求	得分		
			教师评分（50%）	小组自评（25%）	小组互评（25%）
功能性80分	快车运行参数设置（40分）	参数设置，每错一处扣3分			
	操作流程符合规范且熟练（20分）	不符合规范每处扣3分			
	井道自学习完成超载功能调试、快车运行的调试（20分）	完成参数设置，并进行快车运行，未完成扣5分			
规范性20分	职业素养（10分）	违反课堂规定和纪律，一次扣2分			
	操作规范（10分）	不按照规范操作，每次扣1分；操作完毕，设备、工具未复位的，扣2分；扣完为止			
分项得分					
最终得分					

笔记：

任务十二　电梯一体化调试与维修——根据故障代码进行排故

任务名称	电梯一体化调试与维修——根据故障代码进行排故	所需课时	
实施班级		实施时间	

任务目标：

能够根据故障代码，排除电梯相关故障

能力目标：

1. 能够根据一体机故障代码排除电梯相关故障

2. 能够根据安全回路反馈、门锁回路反馈、运行检测等指示灯状态，判断故障并修复

笔记：

任务准备：

智能网联电梯 1 套

任务实施：

调试阶段，尤其是初次上电，由于电梯不满足自动运行条件，甚至部分外围信号尚未有效接入，所以控制器会处于某些故障状态。此阶段可能出现的故障有 E41、E42、E35、E51、E52 等。

故障	故障名称	故障说明	处理指导
E41	安全回路故障	子码 101：安全回路信号断开	检查安全回路各开关，查看其状态 检查外部供电是否正确，检查安全回路接触器动作是否正确 检查安全反馈触点信号特征(NO/NC)
E42	门锁回路故障	子码 101、102：电梯运行过程中，门锁反馈无效	检查厅、轿门锁是否连接正常 检查门锁继电器动作是否正常 检查门锁接触器反馈点信号特征(NO/NC) 检查外围供电是否正常
E35	井道自学习数据异常	不影响慢车调试	按操作器“STOP/RES”键取消故障代码显示，然后进行慢车调试
E51	CAN 通信故障		
E52	外召通信故障		

具体内容详见《NICE3000new 电梯一体化控制器用户手册（中文详版）PDF》。

笔记：

（续）

任务评价：

任务考核采取教师评价、小组自评、小组互评相结合，其中教师评价占成绩的50%，小组自评、小组互评各占25%。

笔记：

评分项目	规范性评分内容	评分标准要求	得分 教师评分（50%）	小组自评（25%）	小组互评（25%）
功能性80分	故障手册的查阅以及消除故障（40分）	故障手册的查阅以及消除故障，每处扣5分			
	电梯一体化控制器用户手册的查阅熟练程度（20分）	一体化控制器用户手册查阅的熟练程度，每错一次扣3分			
	常见故障代码的查阅及处理方法（20分）	常见故障代码的查阅及处理方法，每错一次扣5分			
规范性20分	职业素养（10分）	违反课堂规定和纪律，一次扣2分			
	操作规范（10分）	不按照规范操作，每次扣1分；操作完毕，设备、工具未复位的，扣2分；扣完为止			
分项得分					
最终得分					

任务十三　电梯物联网智慧监测设备维护——对于智能网联电梯终端设备的调拨

任务名称	电梯物联网智慧监测设备维护——对于智能网联电梯终端设备的调拨	所需课时	
实施班级		实施时间	

任务目标：	能力目标：	笔记：
安装智能网联电梯终端设备并完成通信配置	1. 能够安装智能网联电梯终端设备，将物联网模块与控制器建立通信连接 2. 能够对物联网模块进行通信配置	

任务准备：

智能网联电梯 1 套

任务实施：

笔记：

1）调试 APP 软件安装。

扫描下方二维码，下载“电梯业务”APP。

2）用户登录。

安装完成后，打开 APP，进入“登录”界面，输入登录信息。请联系系统管理员获取域名、账号、密码。

3）调拨。

登录成功后，进入“工作台”界面，单击终端设备“智能硬件”按钮，进入功能列表，选择“调拨”功能，进入调拨界面后，扫描或输入智能硬件 LoginCode，单击“调拨”按钮，即完成此步骤。

4）绑定。

返回终端设备“智能硬件”页面，单击进入功能列表选择绑定，扫描或输入智能硬件 LoginCode，通过电梯工号搜索电梯信息，单击“绑定”。

（续）

任务评价：

任务考核采取教师评价、小组自评、小组互评相结合，其中教师评价占成绩的50%，小组自评、小组互评各占25%。

评分项目	规范性评分内容	评分标准要求	得分		
			教师评分（50%）	小组自评（25%）	小组互评（25%）
功能性80分	APP与硬件的配合，调拨（40分）	APP与硬件配合、调拨，每错一处扣5分			
	“电梯业务” APP安装（20分）	“电梯业务” APP的安装及注册，无法一次成功扣3分			
	APP的登录（20分）	APP的登录，无法一次成功扣5分			
规范性20分	职业素养（10分）	违反课堂规定和纪律，一次扣2分			
	操作规范（10分）	不按照规范操作，每次扣1分；操作完毕，设备、工具未复位的，扣2分；扣完为止			
分项得分					
最终得分					

笔记：

任务十四　电梯物联网智慧监测设备维护——云平台的使用

<table>
<tr><td>任务名称</td><td colspan="2">电梯物联网智慧监测设备维护——云平台的使用</td><td>所需课时</td><td></td></tr>
<tr><td>实施班级</td><td colspan="2"></td><td>实施时间</td><td></td></tr>
<tr><td colspan="2">任务目标：
掌握云平台的使用</td><td colspan="2">能力目标：
1. 利用云平台进行电梯实时监测设置
2. 利用云平台和 APP 能够进行故障告警监控、统计</td><td rowspan="2">笔记：</td></tr>
<tr><td colspan="4">任务准备：
智能网联电梯 1 套</td></tr>
<tr><td colspan="4">任务实施：
1）电梯数据获取。
对于默纳克系统，终端电梯数据的获取，通过串口线连接一体机读取。读取数据包括轿厢状态（运行方向、楼层、门状态等）、电梯状态（运行、故障、检修）、端子状态、电梯参数等。
2）实时数据监控。
通过电梯物联网应用平台或电梯业务 APP，可以随时查看电梯的运行情况，如下图所示。
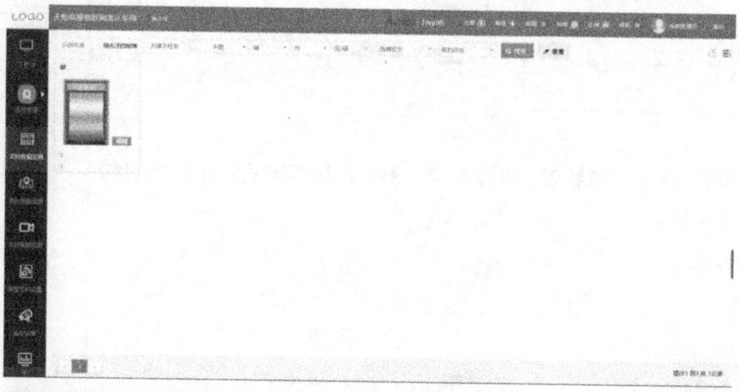
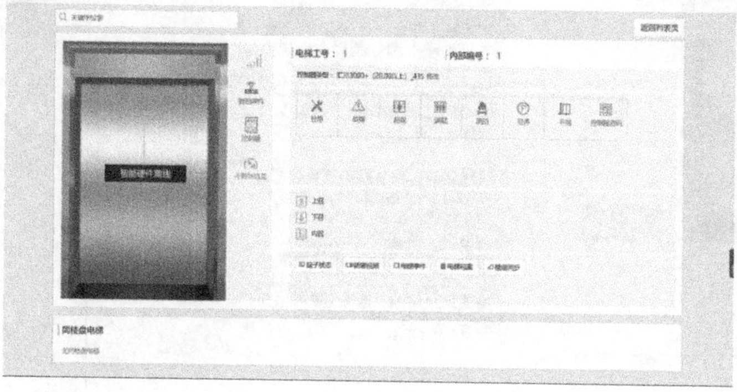</td><td>笔记：</td></tr>
</table>

（续）

笔记：

3）当电梯发生故障时，提示故障状态，并以短信、APP推送等形式直接发送到相关人员手机上，实现快速响应。

（续）

4）对于电梯所发生的故障，在物联网平台进行保存，可以按照楼层、故障类型等进行统计分析，为后续业务提供业务指导。

笔记：

任务评价：

任务考核采取教师评价、小组自评、小组互评相结合，其中教师评价占成绩的50%，小组自评、小组互评各占25%。

笔记：

评分项目	规范性评分内容	评分标准要求	得分		
			教师评分（50%）	小组自评（25%）	小组互评（25%）
功能性80分	读取数据包括轿厢状态（运行方向、楼层、门状态等）、电梯状态（运行、故障、检修）、端子状态、电梯参数（40分）	读取数据错误，每处扣3分			
	通过电梯物联网应用平台或电梯业务APP，可以随时查看电梯的运行情况（20分）	可以通过电梯物联网应用平台或者电梯APP业务APP查看运行情况，每错一处扣3分			
	电梯所发生的故障，物联网平台进行保存，可以按照楼层、故障类型等进行统计分析（20分）	根据故障现象，做出故障分析，每错一处扣3分			

（续）

<table>
<tr><th rowspan="2">评分项目</th><th rowspan="2">规范性评分内容</th><th rowspan="2">评分标准要求</th><th colspan="3">得 分</th><th rowspan="6">笔记：</th></tr>
<tr><th>教师评分（50%）</th><th>小组自评（25%）</th><th>小组互评（25%）</th></tr>
<tr><td rowspan="2">规范性 20 分</td><td>职业素养（10 分）</td><td>违反课堂规定和纪律，一次扣 2 分</td><td></td><td></td><td></td></tr>
<tr><td>操作规范（10 分）</td><td>不按照规范操作，每次扣 1 分；操作完毕，设备、工具未复位的，扣 2 分；扣完为止</td><td></td><td></td><td></td></tr>
<tr><td colspan="3">分项得分</td><td></td><td></td><td></td></tr>
<tr><td colspan="3">最终得分</td><td colspan="3"></td></tr>
</table>

任务十五　电梯维修——电梯调速操作

<table>
<tr><td>任务名称</td><td colspan="2">电梯维修——电梯调速操作</td><td>所需课时</td><td></td></tr>
<tr><td>实施班级</td><td colspan="2"></td><td>实施时间</td><td></td></tr>
<tr><td colspan="2">任务目标：
掌握控制器对电动机参数的设置</td><td colspan="2">能力目标：
1. 能根据电动机型号设置电梯参数
2. 能根据要求对电动机起动制动时间进行参数设置
3. 能根据要求对电动机多段速运行进行参数设置</td><td rowspan="2">笔记：</td></tr>
<tr><td colspan="4">任务准备：
智能网联电梯 1 套</td></tr>
</table>

任务实施：

任务内容一：设置电动机参数

使用 LED 操作面板，进入下列参数页面进行参数设置。

相关参数	参数描述	说明	设定参数
F1－25	电动机类型	0：异步电动机 1：同步电动机	1
F1－00	编码器类型选择	0：SIN/COS 型、绝对值型编码器 1：UVW 型编码器 2：ABZ 型编码器	0
F1－12	编码器每转脉冲数	0～10000	2048
F1－01～F1－05	电动机额定功率/电压/电流/频率/转速	机型参数，手动输入	1.5/380/5/10/60
F0－01	命令源选择	0：操作面板控制 1：距离控制	1

1）电梯进入检修状态：主板 X9 指示灯灭，表明电梯进入检修状态。

2）单击“PRG”键进入参数菜单页，找到“F1”页面，单击“ENTER”键进入参数选择页。

3）设置电动机类型 F1－25＝1：F1－25 设置为 1，同步电动机。

4）设置主机参数 F1－01～F1－05：F1－01＝1.5；F1－02＝380；F1－03＝5；F1－04＝10；F1－05＝60。

5）设置编码器参数 F1－00、F1－12：F1－00＝0；F1－12＝2048。

笔记：

（续）

6）F1－11 设置为 1，按“ENTER”键，操作器显示“TUNE”进入调谐状态，调试过程中需要一直按压紧急电动上/下按钮，调谐完毕后，控制器会自动停止输出，此时可松开按钮。

任务内容二：对电动机起制动时间进行参数设置

使用 LED 操作面板，进入下列参数页面进行参数设置。

相关参数	名称	设定范围	单位	设定参数
F3－00	起动速度	0.000～0.050	m/s	0.000
F3－01	起动速度保持时间	0.000～5.000	s	0.000

1）电梯进入检修状态：主板 X9 指示灯灭，表明电梯进入检修状态。

2）单击“PRG”键进入参数菜单页，找到“F3”页面，单击“ENTER”键进入参数选择页。

3）根据要求选择适当的起动速度及保持时间。

任务内容三：对电动机多段速运行进行参数设置

使用 LED 操作面板，进入下列参数页面进行参数设置。

相关参数	名称	设定范围	单位	设定参数
F3－02	加速度	0.200～1.500	m/s^2	0.700
F3－03	拐点加速时间 1	0.300～4.000	s	1.500
F3－04	拐点加速时间 2	0.300～4.000	s	1.500
F3－05	减速度	0.200～1.500	m/s^2	0.700
F3－06	拐点减速时间 1	0.300～4.000	s	1.500
F3－07	拐点减速时间 2	0.300～4.000	s	1.500

F3－02、F3－03、F3－04 用于设置加速过程的运行曲线，F3－05、F3－06、F3－07 用于设置减速过程的运行曲线，如下图所示。

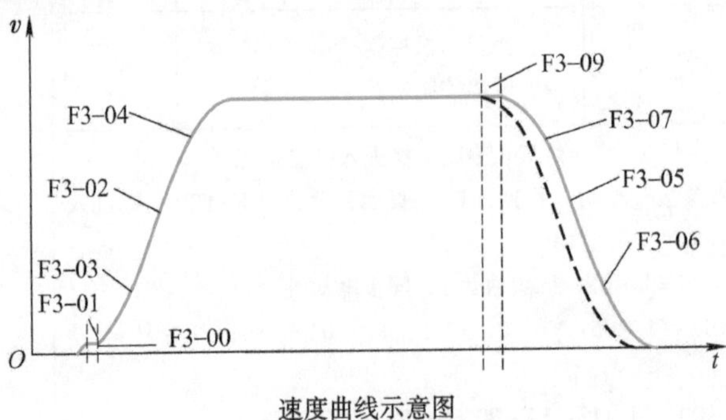

速度曲线示意图

笔记：

（续）

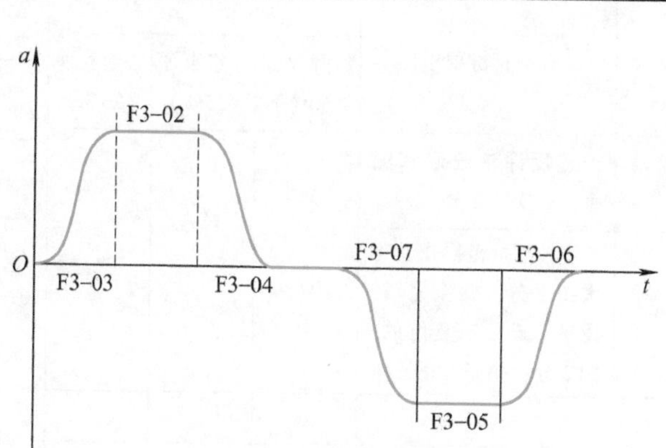

加、减速度曲线示意图

1）电梯进入检修状态：主板 X9 指示灯灭，表明电梯进入检修状态。

2）单击“PRG”键进入参数菜单页，找到“F3”页面，单击“ENTER”键进入参数选择页。

3）根据要求选择适当的加速度、拐点加速时间 1、拐点加速时间 2、减速度、拐点减速时间 1、拐点减速时间 2。

笔记：

任务评价：

任务考核采取教师评价、小组自评、小组互评相结合，其中教师评价占成绩的 50%，小组自评、小组互评各占 25%。

笔记：

评分项目	规范性评分内容	评分标准要求	得　分		
			教师评分（50%）	小组自评（25%）	小组互评（25%）
功能性 80 分	设置电动机参数（40 分）	参数设置错误，每错一处扣 3 分			
	设置电动机起动制动时间参数（20 分）	参数设置错误，每错一次扣 3 分			
	设置电动机多段速参数（20 分）	参数设置错误，每错一次扣 3 分			

（续）

评分项目	规范性评分内容	评分标准要求	得分			笔记：
			教师评分（50%）	小组自评（25%）	小组互评（25%）	
规范性20分	职业素养（10分）	违反课堂规定和纪律，一次扣2分				
	操作规范（10分）	不按照规范操作，每次扣1分；操作完毕，设备、工具未复位的，扣2分；扣完为止				
分项得分						
最终得分						

任务十六　电梯维修——电梯故障排除（仿真电梯）

<table>
<tr><td>任务名称</td><td colspan="2">电梯维修——电梯故障排除（仿真电梯）</td><td>所需课时</td><td></td></tr>
<tr><td>实施班级</td><td colspan="2"></td><td>实施时间</td><td></td></tr>
<tr><td colspan="2">任务目标：
通过智能电梯综合实训装置的训练，根据电梯原理图掌握一些电梯故障的排除方法</td><td colspan="2">能力目标：
掌握电梯故障排除方法</td><td rowspan="2">笔记：</td></tr>
<tr><td colspan="4">任务准备：
1. 智能网联电梯 1 套
2. 数字万用表 1 个</td></tr>
<tr><td colspan="4">任务实施：
任务内容一：排除仿真电梯开关门故障
故障 1：仿真开门信号，仿真电梯不开门。
排故：将开门继电器 13 脚与转换继电器的引脚 2 短接。
故障 2：仿真关门信号，仿真电梯不关门。
排故：将关门继电器 13 脚与转换继电器的引脚 1 短接。
故障 3：仿真关门到位，仿真电梯不关门，真实轿厢关门。
排故：将端子排 D42 中 110 与关门继电器的引脚 5 短接。
故障 4：仿真开门到位，仿真电梯不开门，真实轿厢开门。
排故：将端子排 D42 中 110 与开门继电器的引脚 5 短接。
任务内容二：排除仿真电梯轿厢及检修运行故障
故障 5：电梯会报超载。
排故：将端子排 D42 中 106 与 107 短接。
故障 6：仿真电梯开门后仍不闭合。
排故：将端子排 D42 中 108 与 109 短接。
故障 7：紧急上行电梯无反应。
排故：将紧急上行 SB1 中的 1 脚与转换继电器的引脚 4 短接。
故障 8：紧急下行电梯无反应。
排故：将紧急下行 SB2 中的 1 脚与转换继电器的引脚 3 短接。
任务内容三：排除电梯外呼故障
故障 9：一层外呼，电梯一层外呼无反应。
排故：将端子排 D42 中 118 与端子排 D19 中的 313 短接。
故障 10：二层外呼，电梯二层外呼无反应。
排故：将端子排 D42 中 119 与端子排 D19 中的 313 短接。
故障 11：三层外呼，电梯三层外呼无反应。
排故：将端子排 D42 中 120 与端子排 D19 中的 313 短接。
故障 12：四层外呼，电梯四层外呼无反应。
排故：将端子排 D42 中 121 与端子排 D19 中的 313 短接。
注：故障排除后将故障按钮拨回原来位置。</td><td>笔记：</td></tr>
</table>

（续）

任务评价：

任务考核采取教师评价、小组自评、小组互评相结合，其中教师评价占成绩的50%，小组自评、小组互评各占25%。

评分项目	规范性评分内容	评分标准要求	得分		
			教师评分（50%）	小组自评（25%）	小组互评（25%）
功能性80分	排除仿真电梯开关门故障（32分）	排除仿真电梯开关门故障，每个故障8分			
	排除电梯轿厢及检修运行故障（24分）	排除电梯轿厢及检修运行故障，每个故障6分			
	排除电梯外呼故障（24分）	排除电梯外呼故障，每个故障6分			
规范性20分	职业素养（10分）	违反课堂规定和纪律，一次扣2分			
	操作规范（10分）	不按照规范操作，每次扣1分；操作完毕，设备、工具未复位的，扣2分；扣完为止			
分项得分					
最终得分					

笔记：

任务十七 电梯维修——电梯故障排除（真实轿厢）

任务名称	电梯维修——电梯故障排除（真实轿厢）	所需课时	
实施班级		实施时间	

任务目标：

通过智能电梯综合实训装置的训练，根据电梯原理图掌握一些电梯故障的排除方法

能力目标：

掌握电梯故障的排除方法

笔记：

任务准备：

1. 智能网联电梯 1 套
2. 数字万用表 1 个

任务实施：

任务内容一：排除真实轿厢开关门故障

故障 1：真实开门信号，真实电梯不开门。

排故：将转换继电器 9 脚与端子排 D19 中的 316 短接。

故障 2：真实关门信号，真实电梯不关门。

排故：将转换继电器 1 与端子排 D19 中的 317 短接。

故障 3：真实关门到位信号，仿真电梯正常开关门，真实电梯打开后关门不到位，关门到位信号前后无变化。

排故：将端子排 D42 中 124 与端子排 D19 中的 218 短接。

故障 4：真实开门到位信号，仿真电梯与真实轿厢正常开关门，不开门时控制器报故障。

排故：将端子排 D42 中 125 与端子排 D19 中的 219 短接。

任务内容二：排除电梯外呼故障

故障 5：真实轿厢外呼无反应。

排故：将端子排 D19 中 309 与端子排中 D19 中的 313 短接。

任务内容三：排除电梯显示、安全及仿真门机故障

故障 6：仿真正转，仿真电梯不开门，真实轿厢开门。

排故：将端子排 D42 中 104 与开门继电器中的 7 短接。

故障 7：仿真反转，仿真电梯不关门，真实轿厢关门。

排故：将端子排 D42 中 105 与关门继电器中的 7 短接。

注：故障排除后将故障按钮拨回原来位置。

笔记：

（续）

任务评价：

任务考核采取教师评价、小组自评、小组互评相结合，其中教师评价占成绩的50%，小组自评、小组互评各占25%。

评分项目	规范性评分内容	评分标准要求	得分		
			教师评分（50%）	小组自评（25%）	小组互评（25%）
功能性80分	排除仿真电梯开关门故障（40分）	排除仿真电梯开关门故障，每个故障10分			
	排作电梯外呼故障（20分）	排除电梯外呼故障，每个故障20分			
	排除电梯显示、安全及仿真门故障（20分）	排除电梯显示、安全及仿真门故障，每个故障10分			
规范性20分	职业素养（10分）	违反课堂规定和纪律，一次扣2分			
	操作规范（10分）	不按照规范操作，每次扣1分；操作完毕，设备、工具未复位的，扣2分；扣完为止			
分项得分					
最终得分					

笔记：

任务十八　门机一体机调试

任务名称	门机一体机调试	所需课时	
实施班级		实施时间	

任务目标：

掌握门机一体机的调试

能力目标：

1. 掌握电梯门机一体机电动机参数调谐

2. 掌握电梯门机一体机一键调试功能，能够进行电梯门机一体机门宽自学习操作

笔记：

任务准备：

智能网联电梯 1 套

任务实施：

任务内容一：门机一体机电动机调谐

完成电梯参数设定后，需进行电动机调谐。首先将 F002 设为 0，F100 设为 1，根据下列表格内的参数将电动机参数输入控制器，F116 设为 4，面板显示“TUNE”，然后按“OPEN”键进行调谐。调谐完毕后试运行，设定 F004 = 5.00Hz，按“OPEN”或“CLOSE”键试运行。检查电动机运行是否正常，如运行不畅则再次进行电动机调谐。

相关参数	参数描述	说明
F101	额定功率	50
F102	额定电压	50
F103	额定电流	1.1
F104	额定频率	24
F105	额定转速	180

任务内容二：门机一体机门宽自学习操作

设定 F002 = 2，当 F600 参数由 0 变为 1 时使能门宽自学习功能，按下开门键或关门键即可开始门宽自学习，以关门（到位）→开门（到位）→关门（到位）的逻辑运行，开/关门到位堵转时，存储门宽。将 F002 = 1 后进行整机调试。

任务内容三：参数调谐

根据下列参数调试门机速度，使门机与仿真电梯的开关门速度相协调。

1）F0 组基本参数。

功能码	名称	设定范围	最小单位	出厂设定值	更改属性
F000	控制方式	0：磁通矢量控制 1：闭环矢量控制	1	1	■
F001	开关门方式选择	0：速度控制方式 1：距离控制方式	1	1	■

笔记：

(续)

功能码	名称	设定范围	最小单位	出厂设定值	更改属性
F002	命令源选择	0：操作面板控制方式 1：门机端子控制方式 2：门机手动控制方式 3：门机自动控制方式	1	0	■
F004	面板设定频率	0.00Hz ~ F104	0.01Hz	5.00Hz	□
F005	输入点快捷设置	0 ~ 2	1	1	■
F006	慢速行走速度设定	0.00 ~ 20.00Hz	0.01Hz	4.00Hz	□
F007	载波频率调节	2.0 ~ 16.0kHz	0.1kHz	8.0kHz	□

2）F3 组开门运行参数。

功能码	名称	设定范围	最小单位	出厂设定值	更改属性
F300	开门起动低速设定	0.00Hz ~ F303	0.01Hz	5.00Hz	□
F301	开门起动加速时间	0.1 ~ 999.9s	0.1s	1.0s	□
F302	速度控制开门起动低速运行时间	0.1 ~ 999.9s	0.1s	1.0s	□
F303	开门高速设定	0.00Hz ~ F104	0.01Hz	15.00Hz	□
F304	开门加速时间	0.1 ~ 999.9s	0.1s	2.0s	□
F305	开门结束低速设定	0.00Hz ~ F303	0.01Hz	3.00Hz	□
F306	开门减速时间	0.1 ~ 999.9s	0.1s	1.5s	□
F307	开门到位力矩切换点设置	0.0% ~ 150.0% 电动机额定转矩	0.1%	50.0%	□
F308	开门到位保持力矩	0.0% ~ 180.0%	0.1%	80.0%	□
F309	开门受阻力矩	0.0% ~ 150.0% 电动机额定转矩	0.1%	80.0%	□
F310	开门起动力矩	0.0% ~ 150.0% 电动机额定转矩	0.1%	0.0%	■
F311	开门受阻判定时间	0 ~ 9999ms	1ms	0ms	□
F312	开门到位低速设定	0.00 ~ F303	0.01Hz	3Hz	□

笔记：

（续）

3）F4 组关门运行参数。

功能码	名称	设定范围	最小单位	出厂设定值	更改属性
F400	关门起动低速设定	0. 00Hz ~ F403	0. 01Hz	4. 00Hz	□
F401	关门起动加速时间	0. 1 ~999. 9s	0. 1s	1. 0s	□
F402	速度控制关门起动低速运行时间	0. 1 ~999. 9s	0. 1s	1. 0s	□
F403	关门高速设定	0. 00Hz ~ F104	0. 01Hz	12. 00Hz	□
F404	关门加速时间	0. 1 ~999. 9s	0. 1s	2. 0s	□
F405	关门结束低速设定	0. 00Hz ~ F403	0. 01Hz	2. 00Hz	□
F406	关门减速时间	0. 1 ~999. 9s	0. 1s	1. 5s	□
F407	关门到位低速设定	0. 00Hz ~ F403	0. 01Hz	1. 00Hz	□
F408	关门到位低速运行时间	1 ~9999ms	1ms	300ms	□
F409	收到速度设定	0. 00Hz ~ F403	0. 01Hz	2. 00Hz	□
F410	收到运行时间	1 ~9999ms	1ms	500ms	□
F411	关门到位力矩转换切换点设置	0. 0% ~150. 0% 电动机额定力矩	0. 1%	50. 0%	□
F412	关门到位保持力矩	0. 0% ~F411	0. 1%	30. 0%	□
F413	关门受阻力矩	0. 0% ~150. 0%	0. 1	100. 0	■
F414	关门受阻工作方式	0：保留 1：关门受阻仅输出受阻信号 2：关门受阻立即停止 3：关门受阻重新开门	1	1	■
F415	关门受阻判定时间	0 ~9999ms	1ms	500ms	□
F416	消防关门高速设定	5. 00Hz ~ F104	0. 01Hz	10. 00Hz	□
F417	关门受阻高速设定	F418 ~ F104	0. 01Hz	12. 00Hz	□
F418	关门受阻低速设定	0. 00Hz ~ F104	0. 01Hz	2. 00Hz	□
F419	高速受阻力矩设定	0. 0% ~150. 0%	0. 1%	100. 0%	□
F420	低速受阻力矩设定	0. 0% ~150. 0%	0. 1%	100. 0%	□

笔记：

（续）

任务评价： 任务考核采取教师评价、小组自评、小组互评相结合，其中教师评价占成绩的50%，小组自评、小组互评各占25%。						笔记：
评分项目	规范性评分内容	评分标准要求	得分			
			教师评分（50%）	小组自评（25%）	小组互评（25%）	
功能性80分	门机一体机电动机调谐参数设置（40分）	门机一体机电动机调谐参数设置，每处错误扣3分				
	门机一体机门宽自学习操作参数设置（20分）	门宽自学习操作参数设置，每处错误扣3分				
	参数调谐设置（20分）	参数调谐设置，每处错误扣3分				
规范性20分	职业素养（10分）	违反课堂规定和纪律，一次扣2分				
	操作规范（10分）	不按照规范操作，每次扣1分；操作完毕，设备、工具未复位的，扣2分；扣完为止				
分项得分						
最终得分						

任务十九　门机一体机安装

任务名称	门机一体机安装	所需课时	
实施班级		实施时间	

任务目标：

能够进行电梯门机一体机控制器相关信号配线

能力目标：

进行电梯门机一体机控制器相关信号配线

笔记：

任务准备：

智能网联电梯1套

任务实施：

按照下图对应门机控制器端子进行接线。

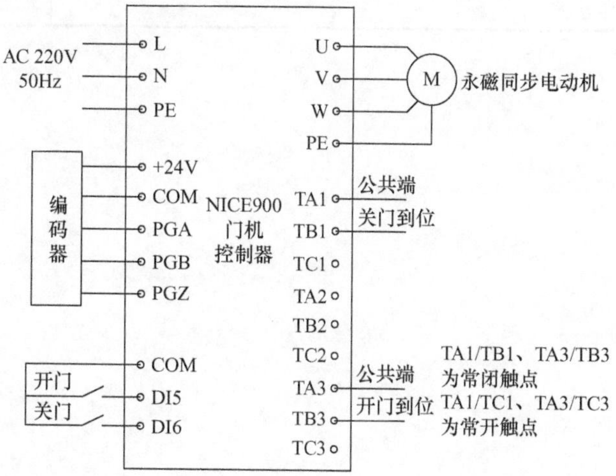

笔记：

任务评价：

任务考核采取教师评价、小组自评、小组互评相结合，其中教师评价占成绩的50%，小组自评、小组互评各占25%。

笔记：

评分项目	规范性评分内容	评分标准要求	得　分		
			教师评分（50%）	小组自评（25%）	小组互评（25%）
功能性80分	门机控制器导线连接及测试（40分）	导线连接及测试，每处错误扣3分			
	门机控制器开关门到位检测接线（20分）	门机控制器开关门到位检测接线错误，每处扣3分			
	门机控制器公共端接线（20分）	门机控制器公共端接线错误，每处扣3分			

（续）

评分项目	规范性评分内容	评分标准要求	得分			笔记：
			教师评分（50%）	小组自评（25%）	小组互评（25%）	
规范性20分	职业素养（10分）	违反课堂规定和纪律，一次扣2分				
	操作规范（10分）	不按照规范操作，每次扣1分；操作完毕，设备、工具未复位的，扣2分；扣完为止				
分项得分						
最终得分						

任务二十　电梯物联网智慧监测——下级账号的开通

任务名称	电梯物联网智慧监测——下级账号的开通	所需课时	
实施班级		实施时间	

任务目标：

学习对电梯物联网进行权限管理

能力目标：

能够对电梯物联网进行权限管理

笔记：

任务准备：

智能网联电梯 1 套

任务实施：

1）创建部门。

在“权限管理→组织机构管理”下选择要创建一个下级部门的部门或单位，单击“新建下级部门”。

输入新建的部门名称，分配电梯默认跟随上级部门，可单击“选择”按钮为新建的部门分配电梯。

单击“保存”，部门新建完成，会在左边列显示新建的部门名称，右边是新建的部门信息。

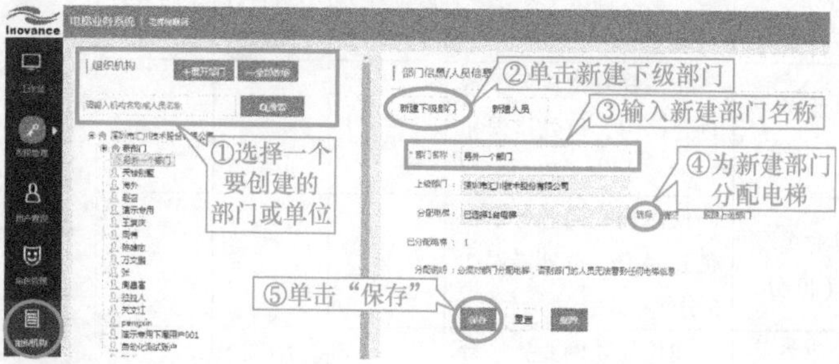

2）创建用户。

在“权限管理→组织机构管理”下选择要创建用户的部门或单位（例如维保测试部门），单击新建人员。

输入用户名、密码、员工姓名、手机号码、邮箱。

单击选择角色名称，在弹出框选择角色“维保文员”，如果没有相应角色，需要在【角色管理】中添加角色。

分配电梯默认为跟随部门，如有需要可以单击选择，勾选要分配的具体电梯。本例为默认的跟随部门。

单击“保存”，用户新建完成，会在左边列显示新建的用户名称，右边是新建的用户信息。

笔记：

（续）

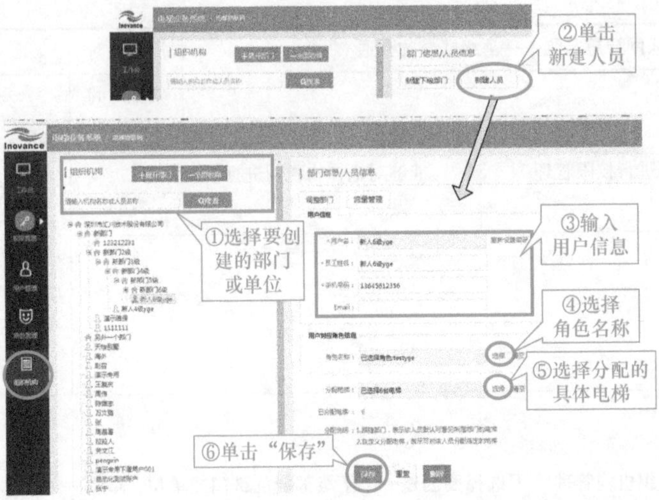

笔记：

②单击新建人员

①选择要创建的部门或单位

③输入用户信息

④选择角色名称

⑤选择分配的具体电梯

⑥单击“保存”

任务评价：

任务考核采取教师评价、小组自评、小组互评相结合，其中教师评价占成绩的50%，小组自评、小组互评各占25%。

笔记：

评分项目	规范性评分内容	评分标准要求	得　分		
			教师评分（50%）	小组自评（25%）	小组互评（25%）
功能性80分	使用物联网业务平台，创建部门（40分）	使用物联网业务平台创建部门，每处错误扣3分			
	使用物联网业务平台，创建用户（20分）	使用物联网业务平台创建用户，每处错误扣3分			
	使用物联网业务平台，管理用户权限（20分）	使用物联网业务平台管理用户权限，每处错误扣3分			
规范性20分	职业素养（10分）	违反课堂规定和纪律，一次扣2分			
	操作规范（10分）	不按照规范操作，每次扣1分；操作完毕，设备、工具未复位的，扣2分；扣完为止			
分项得分					
最终得分					

任务二十一 电梯物联网智慧监测——短信设置

任务名称	电梯物联网智慧监测——短信设置	所需课时	
实施班级		实施时间	

任务目标：	能力目标：	笔记：
学习对电梯物联网进行权限管理	能够对电梯物联网进行权限管理	

任务准备：

智能网联电梯 1 套

任务实施：

在“事件管理→故障联系人”添加一个故障联系人，输入：名称、手机号码、账号信息（可选），添加成功后选择关联电梯。

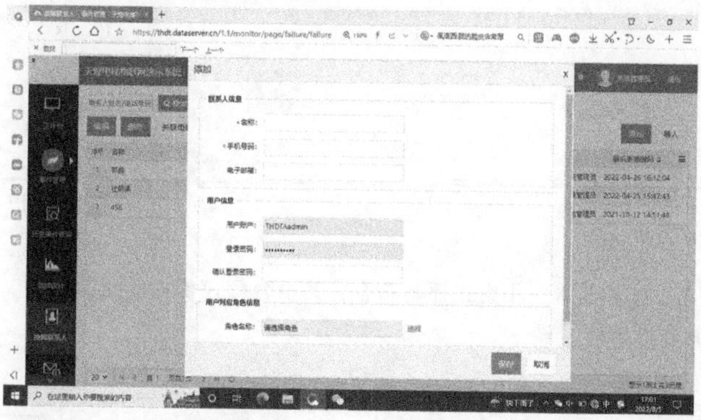

在“事件管理→故障级别管理”添加一个故障级别，并配置故障处置策略。策略说明如下图所示。

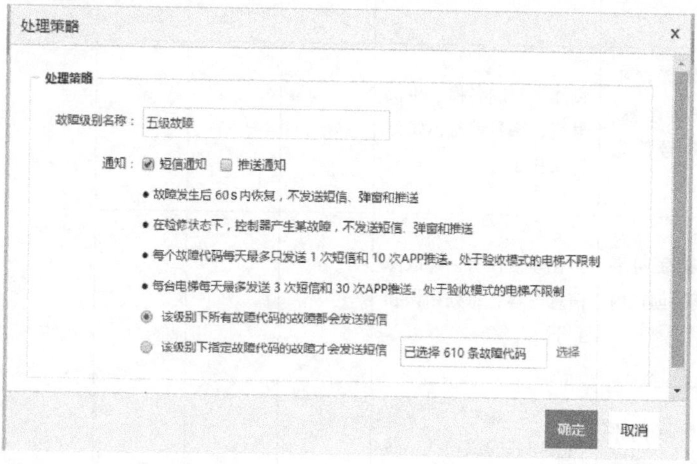

处理策略

处理策略

故障级别名称： 五级故障

通知： 短信通知 推送通知

- 故障发生后 60 s 内恢复，不发送短信、弹窗和推送
- 在检修状态下，控制器产生某故障，不发送短信、弹窗和推送
- 每个故障代码每天最多只发送 1 次短信和 10 次APP推送。处于验收模式的电梯不限制
- 每台电梯每天最多发送 3 次短信和 30 次APP推送。处于验收模式的电梯不限制

该级别下所有故障代码的故障都会发送短信

该级别下指定故障代码的故障才会发送短信 已选择 610 条故障代码 选择

确定 取消

笔记：

（续）

在“事件管理→故障短信预览”下可选择发送短信的模板。

如果电梯处理验收模式，需要短信发送次数不受限制，可在“电梯信息管理→电梯信息总览”下设置电梯为验收模式，如下图所示。

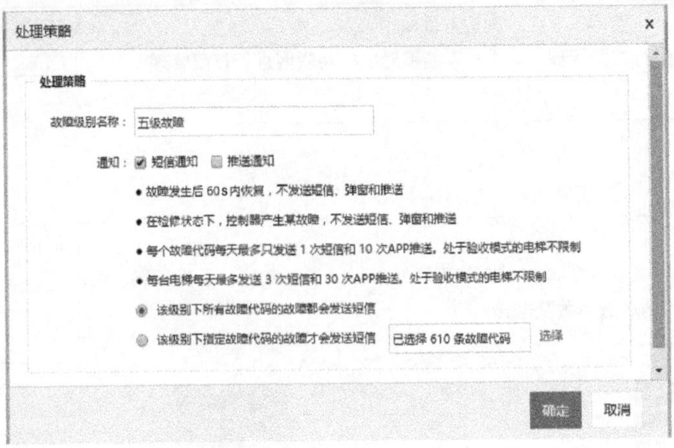

处理策略

处理策略

故障级别名称：五级故障

通知：短信通知 推送通知

- 故障发生后 60 s 内恢复，不发送短信、弹窗和推送
- 在检修状态下，控制器产生某故障，不发送短信、弹窗和推送
- 每个故障代码每天最多只发送 1 次短信和 10 次APP推送，处于验收模式的电梯不限制
- 每台电梯每天最多发送 3 次短信和 30 次APP推送，处于验收模式的电梯不限制

该级别下所有故障代码的故障都会发送短信

该级别下指定故障代码的故障才会发送短信 已选择 610 条故障代码 选择

确定 取消

笔记：

任务评价：

任务考核采取教师评价、小组自评、小组互评相结合，其中教师评价占成绩的50%，小组自评、小组互评各占25%。

笔记：

评分项目	规范性评分内容	评分标准要求	得分		
			教师评分（50%）	小组自评（25%）	小组互评（25%）
功能性80分	使用电梯物联网平台，创建用户的名称、手机号码、账号信息（40分）	创建用户的名称、手机号码、账号信息，每处错误扣3分			
	使用电梯物联网平台，在短信模板创建内容（20分）	在短信模板创建故障信息内容，每处错误扣3分			
	使用电梯物联网平台，设置电梯验收模式（20分）	设置电梯验收模式，每处错误扣5分			

（续）

评分项目	规范性评分内容	评分标准要求	得分			笔记：
			教师评分（50%）	小组自评（25%）	小组互评（25%）	
规范性20分	职业素养（10分）	违反课堂规定和纪律，一次扣2分				
	操作规范（10分）	不按照规范操作，每次扣1分；操作完毕，设备、工具未复位的，扣2分；扣完为止				
分项得分						
最终得分						

600mm，离地 300mm 以便操作和检修，封闭侧不小于 50mm。

（二）极限开关

极限开关用于交流电梯，装于机房电源板上，当轿厢运动超过上下极限工作位置时，位于轿顶部的挡板压动井道里行程开关或牵引钢丝绳连杆，使极限开关断开，以切断总电源。

1）当轿厢超过上下极限工作位置 150～200mm 时，极限开关必须发生作用。

2）极限开关应保持灵活可靠，并通过实验以确定其能正常工作。

（三）电梯总开关

电源总开关应尽可能装在靠近机房出入口内的墙上，通常此电源总开关由用户自备，在土建设计施工时予以考虑并放置。

（四）机房布线

根据接线图规定线数号码，选择线槽或穿管规格并按端子板线号接线，起线要平直，线头要干净，连接要可靠，导线不得有露出或与线槽有短接现象。

（五）接地

从进机房电源起零线和接地线应始终分开，接地线的颜色为黄绿双色绝缘电线，除 36V 以下安全电压外的电气设备金属罩壳，均应设有易于识别的接地端，且应有良好的接地。接地线应分别直接接至接地线柱上，不得互相串接后再接地。

3.4 拓展知识

蒂森克虏伯 TWIN 双子电梯

双子电梯是两套电梯安装在一个电梯井道，互相独立运行，零拥堵。两个轿厢可以同向行驶，也可以反向行驶，不会相撞也不会拥堵，安装同样的电梯数量最多可以减少大楼 30% 的电梯井道数量，是电梯中科技含量最高的电梯。它的安全控制原理也用在空客 380 飞机和高铁等领域。

蒂森克虏伯 TWIN 双子电梯使电梯井道面积缩小 30%，从而增加了大楼的实用面积，意味着大楼会创造更多的利润。减少电梯井道建设和电梯本身建设所需材料，并且降低运行一台电梯所需的能量消耗，可以节省建设费用和运行成本，并且更加环保。

TWIN 双子电梯的设计也避免了传统双桥厢电梯的缺陷。TWIN 双子电梯可以服务于所有楼层，很少会出现一个轿厢空无一人且无人等待，而另一个轿厢不断载客的情况。

蒂森克虏伯 TWIN 双子电梯的目的楼层选择系统（DSC）提供了控制和协调功能，乘客只需在候梯厅显示屏上按下按钮，便会被告知哪一台电梯可以最快将他们送往想要抵达的楼层。

项目4 智能网联电梯维护与保养

4.1 智能网联电梯常见故障

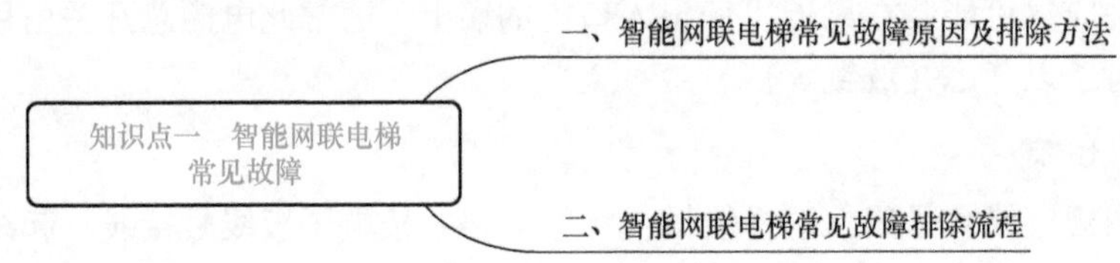

一、智能网联电梯常见故障原因及排除方法

（一）故障现象：电梯有电源，而电梯不工作

1）可能原因：电梯安全回路发生故障，有关线路断了或松开。

排除方法：检查安全回路继电器是否吸合，如果不吸合，线圈两端电压又不正常，则检查安全回路中各安全装置是否处于正常状态和安全开关的完好情况，以及导线和接线端子的连接情况。

2）可能原因：电梯安全回路继电器发生故障。

排除方法：检查安全回路继电器两端电压，电压正常而不吸合，则安全回路继电器线圈烧坏断路。如果吸合，则安全回路继电器触点接触不良，控制系统接收不到安全装置正常的信号。

（二）故障现象：电梯能定向和自动关门，关门后不能起动

1）可能原因：本层层门机械门锁没有调整好或损坏，不能使门电锁回路接通，从而使电梯无法起动。

排除方法：调整或更换门锁，使其能正常接通门电锁回路。

2）可能原因：本层层门机械门锁工作正常，但门电锁接触不良或损坏，不能使门电锁回路接通，使电梯无法起动。

排除方法：保养和调整或更换门电锁，使其能正常接通门电锁回路。

3）可能原因：门电锁回路有故障，有关线路断开了或松动。

排除方法：检查门锁回路继电器是否吸合，如果不吸合，线圈两端电压又不正常，则检查门锁回路的其他部分接触良好情况，使其正常。

4）可能原因：门锁回路继电器故障。

排除方法：检查门锁回路继电器两端电压，电压正常而不吸合，则门锁回路继电器线圈断路。如果吸合，则门锁回路继电器触点接触不良，控制系统接收不到厅、轿门关闭的信号。

（三）故障现象：电梯能开门，但不能自动关门

1）可能原因：关门限位开关（或光电开关）动作不正确或损坏。

排除方法：调整或更换关门限位开关（或光电开关），使其能正常工作。

2）可能原因：开门按钮动作不正确（有卡阻现象不能复位）或损坏。

排除方法：调整或更换开门按钮，使其能正常工作。

3）可能原因：门安全触板或光幕光电开关动作不正确或损坏。

排除方法：调整或更换安全触板或光幕光电开关，使其能正常工作。

4）可能原因：关门继电器失灵或损坏。

排除方法：检修或更换关门继电器，使其正常。

5）可能原因：超重装置失灵或损坏。

排除方法：检修或更换超重装置，使其正常。

6）可能原因：本层层外召唤按钮卡阻不能复位或损坏。

排除方法：检修或更换本层层外召唤按钮，使其正常。

7）可能原因：有关关门线路断了或接线松开。

排除方法：检查有关线路，使其正常。

（四）故障现象：电梯能开门，但按下关门按钮不能关门

1）可能原因：关门按钮触点接触不良或损坏。

排除方法：检修或更换关门按钮，使其工作正常。

2）可能原因：关门限位开关（或光电开关）动作不正确或损坏。

排除方法：调整或更换关门限位开关（或光电开关），使其能正常工作。

3）可能原因：开门按钮动作不正确（有卡阻现象不能复位）或损坏。

排除方法：调整或更换开门按钮，使其能正常工作。

4）可能原因：门安全触板或光幕光电开关动作不正确或损坏。

排除方法：调整或更换安全触板或光幕光电开关，使其能正常工作。

5）可能原因：关门继电器失灵或损坏。

排除方法：检修或更换关门继电器，使其正常。

6）可能原因：超重装置失灵或损坏。

排除方法：检修或更换超重装置，使其正常。

7）可能原因：本层层外召唤按钮卡阻不能复位或损坏。

排除方法：检修或更换本层层外召唤按钮，使其正常。

8）可能原因：有关关门线路断了或接线松开。

排除方法：检查有关线路，使其正常。

（五）故障现象：电梯能关门，但电梯到站不开门

1）可能原因：开门继电器失灵或损坏。

排除方法：检修或更换开门继电器，使其正常。

2）可能原因：开门限位开关（或光电开关）动作不正确或损坏。

排除方法：调整或更换开门限位开关（或光电开关），使之正常。

3）可能原因：电梯停车时不在平层区域。

排除方法：查找停车不在平层区域的原因，排除故障后，使电梯停车时在平层区域。

4）可能原因：平层感应器（或光电开关）失灵或损坏。

排除方法：检修或更换平层感应器（或光电开关），使之正常。

5）可能原因：有关开门线路断了或接线松开。

排除方法：检查有关线路，使其正常。

（六）故障现象：电梯能关门，但按下开门按钮不开门

1）可能原因：开门继电器失灵或损坏。

排除方法：检修或更换开门继电器，使其正常。

2）可能原因：开门限位开关（或光电开关）动作不正确或损坏。

排除方法：调整或更换开门限位开关（或光电开关）。

3）可能原因：开门按钮触点接触不良或损坏。

排除方法：检修或更换开门按钮，使其正常。

4）可能原因：关门按钮动作不正确（有卡阻现象不能复位）或损坏。

排除方法：调整或更换开门按钮。

5）可能原因：有关开门线路断了或接线松开。

排除方法：检查有关线路，使其正常。

（七）故障现象：电梯不能开门和关门

1）可能原因：门机控制电路故障，无法使门机运转。

排除方法：检查门机控制电路的电源、熔断器和接线线路，使其正常。

2）可能原因：门机故障。

排除方法：检查和判断门机是否不良或损坏，修复或更换门机。

3）可能原因：门机传动带打滑或脱落。

排除方法：调整传动带的张紧度或更换新传动带。

4）可能原因：有关开门线路断了或接线松开了。

排除方法：检查有关线路，使其正常。

5）可能原因：层门、轿门挂轮松动或严重磨损，导致门扇下移拖地，不能正常开关门。

排除方法：调整或更换层门、轿门挂轮，保证一定的门扇下端与地坎间隙，使厅门、轿门能正常工作。

二、智能网联电梯常见故障排除流程

（一）主板数码管无显示故障现象及排障流程

用户电源开关合闸后，一体机主板数码管无显示，见表4-1-1。

表 4-1-1　主板数码管无显示故障现象及排障流程

故障现象	可能的原因	检测方法	处理措施	备注
上电不显示	一体机没电	测量输入电压是否正常	检测前端电路、输入电源	详见下文（1）
		检查输入进线接触器是否吸合	保证安全回路导通且变压器供电电源正常，进线接触器吸合	—
	主控板供电电源不正常	用万用表直流档测量 J4 的 4、5 脚电压	更换或维修一体机底层	详见下文（2）

【详细检测方法与处理措施】

（1）检测输入电压是否正常

以输入三相 380V 为例，如图 4-1-1 所示。

1）拆卸一体机下盖板，露出主回路端子。

2）将万用表调到（交流）档，测量主回路输入电源 RS、RT、ST 之间的电压。

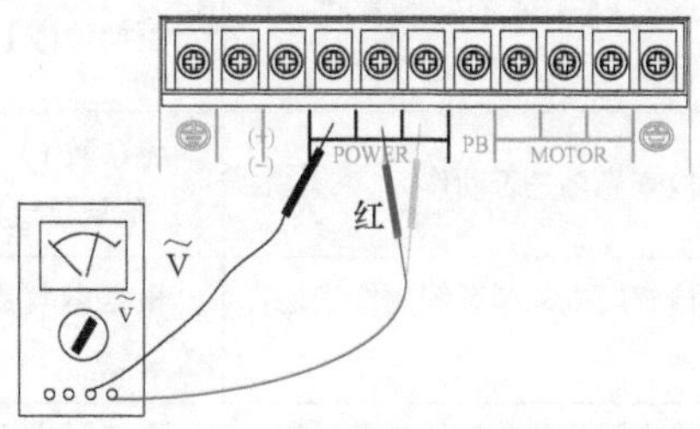

图 4-1-1　测量三相输入电压

若输入为 220V 电压，检测实际输入电压是否为 220V。

（2）万用表测量 DC 5V 电压　如图 4-1-2 所示。

1）拔下主控板背面上 J4 端子排线，另一头保证与一体机底层 J3 端子连接完好。

2）将万用表调到（直流）档，测量 J4 端子排线的 4 脚和 5 脚之间的电压。若万用表电压显示值低于 4. 8V，则需更换或维修一体机底层。

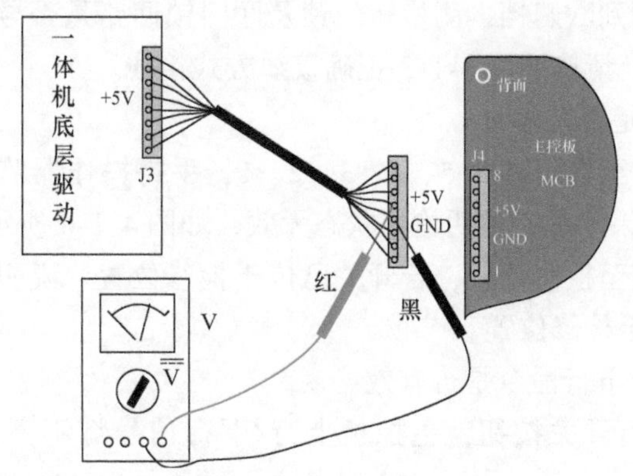

图 4-1-2　测量主控板电源供电电压

（二）主电梯不运行故障现象及排障流程

按检修上行/下行开关按钮，电梯不运行，故障现象及排障流程见表 4-1-2。

表 4-1-2　主电梯不运行故障现象及排障流程

故障现象	可能的原因	检测方法	处理措施	备注
检修不运行	门锁回路不通	检查轿门锁及厅门锁回路	按照正确原理图接线	详见下文（1）
	参数设置错误	检查控制方式是否为距离控制	设置 F0－01＝1	
		检查门锁反馈参数设置是否正确	若轿门锁、厅门锁为高压检测，设置 F5－38＝5，F5－39＝5，F5－05＝0 若为低压检测，设置 F5－38＝0，F5－39＝0，F5－05＝5	—
	检修状态无效	查看 FA－12，若为 00 开头则表示处于检修状态；若不是 00 开头，则表示不处于检修状态	将检修开关旋至检修位置	详见下文（2）
	检修上下行信号无效	通过 F5－34 的数码管状态检测检修上下行信号是否无效	更换检修上行/下行开关按钮	详见下文（3）
	检修不关门	检查光幕是否动作	将参数 F5－25 的 Bit0（光幕 1）值取反或更换光幕	详见下文（4）
		检查门机控制系统的接线是否正确	根据电气原理图检查门机系统接线	—
	限位开关不动作	检查限位开关动作是否正常	更换限位开关	—
	Y 输出继电器工作电压不正常	测量主控板 CN3 的输入 DC 24V 电压是否正常	更换 DC 24V 电源盒	详见下文（5）

【详细检测方法与处理措施】

（1）如何检测门锁回路

1）断开总电源，保证被测试回路没有带电。

2）将数字万用表调到欧姆档，测量轿门锁及厅门锁回路是否导通。若万用表阻值为无穷大，说明线路不导通，请按照图 4-1-3 正确接线方式接线。

（2）监控检修状态是否有效

1）数码管显示从左至右依次为 5、4、3、2、1，手持操作器监控参数 FA－12 的 5、4 号数码管是否为 00；如果不是，说明检修状态无效，如图 4-1-4 所示。

2）请将检修开关旋至检修位置，若开关已位于检修位置，说明标签贴反，交换标签位置，重新将检修开关旋至检修位置。

（3）监控检修上行/下行命令是否有效

1）按检修上行/下行开关按钮，主控板上行/下行信号灯不亮，说明检修上下行信号无效。

2）手持操作器监控参数 F5－34 的 2 号数码管 B、C 段标记是否亮；如果不亮，说明检修上下行信号无效，请更换上行/下行开关按钮。

（4）检测光幕信号是否有效或动作

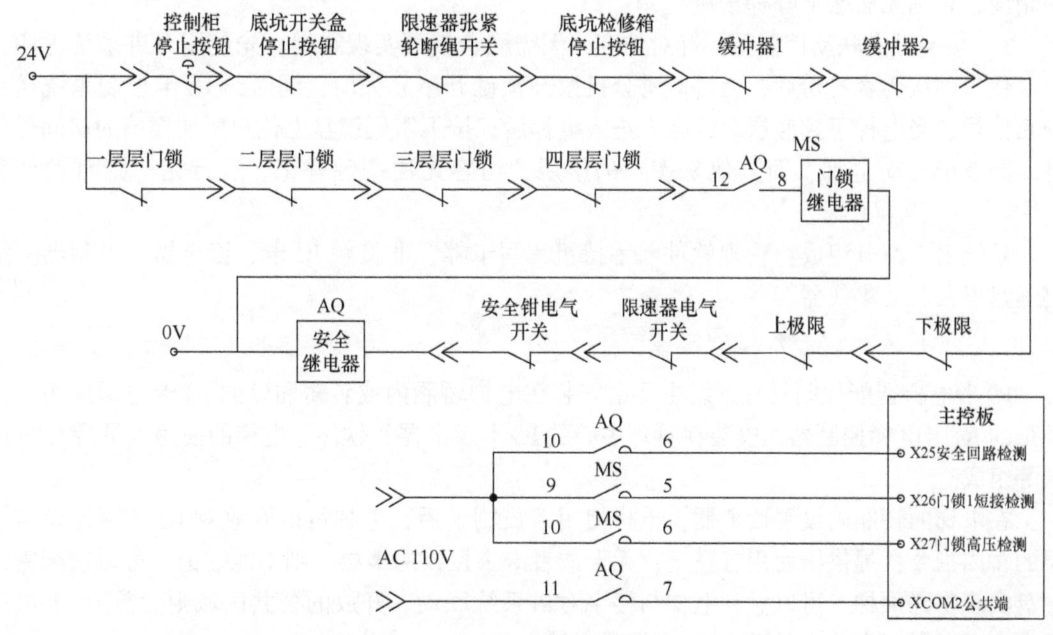

图 4-1-3　门锁回路原理图及检测示意图

1）参数设置：当没有挡光幕时，若 X1/X2 亮，说明光幕信号为常闭输入点，F5 -25 的 Bit0/Bit1 设为0；若 X1/X2 不亮，说明光幕为常开输入点，F5 -25 的 Bit0/Bit1 设为1。

图 4-1-4　检修无效显示示意图

2）参数 F5 -35：数码管显示从左至右依次为5、4、3、2、1，手持操作器监控 F5 -35 参数的 1 号数码管 A 段标记是否亮。

3）判断方法：挡光幕前后，轿顶板的 X1/X2 输入点有亮灭变化，F5 -35 对应的段码没有亮灭变化，说明轿顶板损坏；若轿顶板和 F5 -35 均没有变化，说明光幕损坏。

(5）检测主控板 CN3 的输入 DC24V 电压是否正常

将万用表调到直流电压档，测量主控板 CN3 端子 24V - COM 之间的电压。若万用表电压显示值低于24V（-15%），说明 CN3 的输入 DC24V 电压不正常，请更换 DC24V 电源盒。

4.2　IC 卡技术应用

（一）IC 卡电梯控制系统

IC 卡电梯控制及收费系统是集计算机技术、网络技术、自动控制技术、IC 卡感应技术为一体的完善的智能电梯控制系统。主要有：楼层控制型、电梯门控制型和楼宇对讲联动控制型三种，同时具有控制和收费的功能。

1）楼层控制型（内呼控制）：用户进轿厢后刷卡，然后选取所要楼层。所选楼层必须是经过授权的楼层，未经授权的楼层不能被选择。

2）电梯门控制型（外呼控制）：乘梯时，在轿厢外先刷卡，然后呼叫电梯或进入电梯轿箱内，否则无法按下呼梯按钮。

3）楼宇对讲联动控制型：针对访客，无需刷卡就可实现乘梯。先使用对讲系统呼叫住户，住户确认访客身份后，通过对讲分机按开锁键开单元大门，同时给 IC 卡控制系统送出迎宾信号，当电梯下到底层时，客人进入电梯后，按下密码键盘上住户所住楼层的房间号按键，则登记起动电梯，而其他未授权的楼层，访客无法按键登记。运行完毕则自动计费一次。

系统由 7 部分组成：管理软件、手持机、写卡器、非接触 IC 卡、读卡器、控制器、密码键盘以及联动集线器。

（二）IC 卡电梯智能控制管理系统

IC 卡电梯智能控制管理系统主要由安装在电梯轿厢内或者轿厢外的 IC 卡电梯读头、轿厢顶的 IC 卡电梯控制器、安装在管理中心的 IC 卡发卡器、软件、电梯的使用人员持有的 IC 卡等组成。

在电梯的轿厢内设置读卡器，电梯使用人员刷卡后，电梯可以开放对 IC 卡预先设定楼层的轿内指令，提供给使用者登记；无卡或者卡未授权的楼层，则不能登记，可以选配密码键盘实现密码乘梯，可以做到电梯与楼宇对讲系统联动。开放的公共区域则无需 IC 卡可以登记。可以限制无关人员进入 IC 卡权限区域。

在电梯的厅外设置读卡器，智能 IC 卡电梯的使用人员刷卡后，电梯可以开放对 IC 卡预先设定的外召按钮，提供给使用者登记；无卡或者未授权的 IC 卡，则不能登记，开放的公共区域方向的外召按钮则无需卡可以登记。这也可以限制无关人员进入 IC 卡权限的电梯。

IC 卡发卡中心对每一张 IC 卡进行权限设定后，发出的卡才可以使用，不同的卡可以设置不同的权限，对应不同的使用人员；管理者持有的管理 IC 卡通常设置成可以使用电梯的全部权限；基本上可以分为，业主卡、接待卡、高级接待卡、临时卡及物业管理卡等。对于丢失的卡，IC 卡发卡中心可以挂失，对丢失的 IC 卡禁用，阻止非法持有者继续使用。

IC 卡电梯智能控制管理系统在电梯处于消防、检修等特殊状态时自动退出管理，也可以通过手动开关退出管理，刷卡式电梯可以实现无 IC 卡登记，方便电梯门禁系统在特殊情况下使用。

IC 卡电梯智能控制管理系统加强了传统安全管理系统中管理薄弱的一面，极大地提高了楼宇的安全等级，给业主尊贵享受，主要作用体现在：

1）显著提高业主居住的便利性和安全性，为物业管理者带来集中而简单的有效工作，为房地产商提高楼盘卖点。

2）节能节约费用方面：节约电费、维修保养费、人工费。

（三）IC 卡的制作

IC 卡技术在电梯上的应用不仅节约了电梯维修的成本，同时也节约了小区物业人员对安保工作的人工费用。现在以一号电梯三层业主的业主卡制作过程为示例，对 IC 卡的制作进行介绍，如图 4-2-1 所示。

1）打开“InoICardShop 一卡通”软件，选择制卡。

2）选择业主卡。

3）填写业主信息，完成制卡。

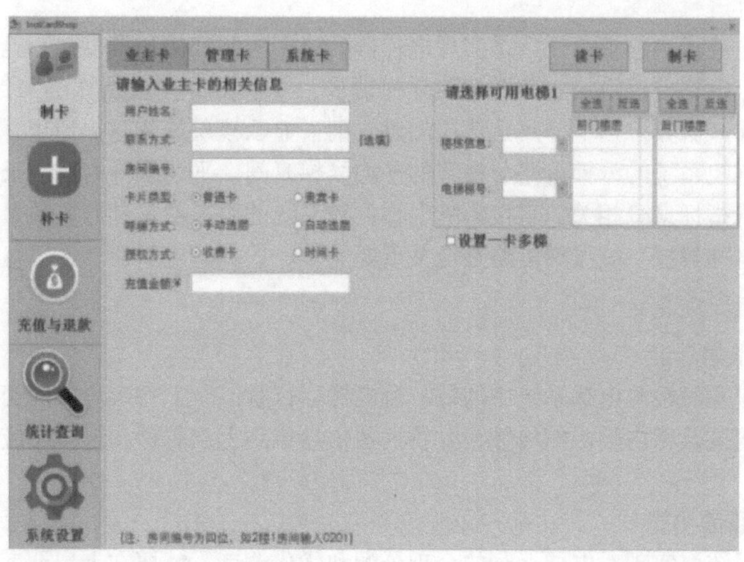

图 4-2-1　IC 卡的制作

4.3　群控电梯及消防电梯技术应用

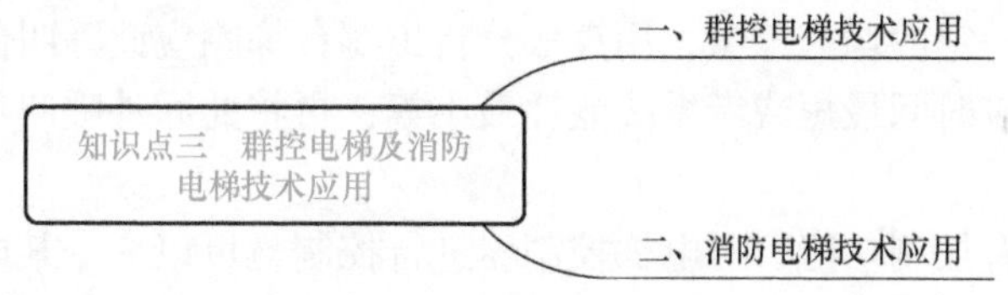

一、群控电梯技术应用

（一）群控系统介绍及组成

电梯群控系统（ECGS）是指将安装在建筑物内的 3 台或 3 台以上的一组电梯作为一个有机整体，使用一个自动控制系统调度每一台电梯的运行，目的是提高垂直交通系统的运行效率，以较短的候梯时间和运行时间为乘客提供服务，以提高对乘客的服务质量，并减少能耗。电梯群控系统基本结构框图如图 4-3-1 所示。

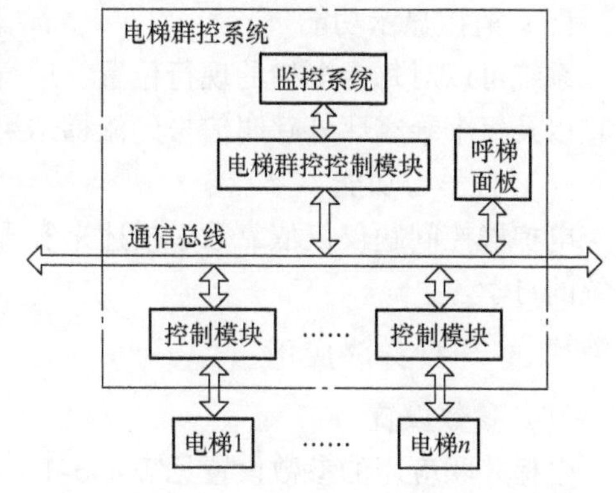

图 4-3-1　电梯群控系统基本结构框图

电梯群控系统（也叫电梯群管理系统）是将多个电梯编为一组，进行统一调度的系统，包括硬件和软件两个部分。

（1）硬件

安装群控系统软件的计算机、有关通信线路等。

（2）软件

运行在群控计算机内的软件，根据呼叫和电

梯情况对电梯群进行调度。

电梯群控系统模块的核心任务是实现电梯群的协调控制和优化调度。一旦有层站轿外呼梯按钮被按下，电梯群控模块立即登记该呼梯请求，并根据群控控制算法来判断最优派梯，决定由哪台电梯来服务。当电梯到达该层站时，消去显示该层站的呼梯请求，以示该请求已被应答。电梯群控系统的派梯策略与乘客的平均候梯时间、平均乘梯时间、长候梯率、系统能耗等性能评价指标息息相关，直接影响电梯群控系统的服务数量和服务质量，因此选择一套性能良好的电梯群控系统派梯策略是至关重要的。

（二）电梯群控系统功能

（1）数据采集功能

调度系统应实时检测电梯系统中的每一台电梯运行状态，如每台电梯的当前位置、运行方向、载重、速度及梯内呼叫信号等，并将这些信息传到上层软件，进行相应的调度处理或者显示处理。

（2）数据通信功能

电梯群控系统要实现对电梯运行的合理分配和优化调度，就要在上层调度软件和底层电梯控制器间建立“信息通道”，实现双向通信，进行信息数据和控制命令的传输。

（3）控制功能

群控系统中，各台电梯对厅外呼梯信号的响应是由系统进行统一进行分配的。每个厅外呼叫信号并不是直接派给乘客所呼叫的控制器，而是先送到群控调度模块。调度模块根据当前的状态信息，采用一定的调配策略，用算法分析出哪台梯响应此呼叫信号会使电梯系统得到最优的性能，如响应时间最短或者系统能耗最小等，再将此厅外呼叫信号分配给该电梯控制器。

因此，群控系统有控制功能，对电梯控制器进行控制，可以命令某电梯去响应厅外呼梯信号，也可以使某台电梯对厅外呼梯信号不予响应。

（4）预估计算功能

预估计算功能是群控系统的核心部分。群控系统要对大厦中电梯系统所处的交通状况进行分析，如客流量及客流分布、电梯状态及电梯分布等，通过分析可以对乘客呼叫、轿厢人数、电梯下一站响应情形等进行预测，然后根据一定的规则和策略对各梯工作进行协调调度，使电梯系统得到最优的运行。

（5）监控显示功能

系统可以对每台电梯的现行位置、运行方向、载重、速度、梯内呼叫信号、响应情况等信息以及每个乘客厅外呼叫信号的派梯结果进行实时检测，并在主界面上显示。

（6）自学习功能

电梯群控问题仅仅依靠数学描述来实现是不够的，还需要采用对经验知识进行学习，即系统的自学习。

（三）电梯并联应用

（1）参数设置

电梯并联应用的参数设置见表 4-3-1。

表 4-3-1 参数设置

相关参数	参数描述	说明
F6－07	并联数量	两台电梯为 2
F6－08	电梯编号	主梯设为 1；从梯设为 2
F6－09	程序选择	两台电梯 Bit3＝1 表示使用 CAN2 进行并联

注：同一物理楼层，两台电梯必须都安装隔磁板，若其中一台电梯不停靠该层，此台电梯也必须在该层安装隔磁板，可设置 F6－05 使该楼层不停靠。

（2）接线方式

CAN2 端口并联接线图如图 4-3-2 所示。

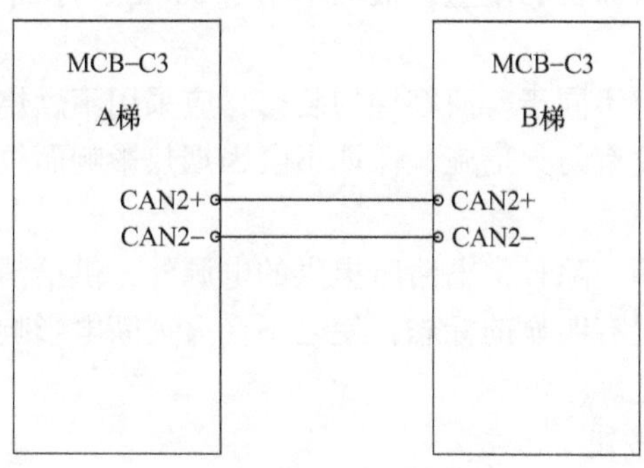

图 4-3-2 CAN2 端口并联接线图

（3）检验方式

两台电梯停在不同楼层，点击两个楼层，对应楼层的轿厢开门。例如，一号电梯轿厢停在 2 楼，二号电梯轿厢停在 3 楼，点击一号电梯 3 楼外呼，二号电梯轿厢打开，同样操作，一号电梯轿厢打开。

二、消防电梯技术应用

（一）消防电梯的作用

消防电梯，顾名思义就是在建筑物发生火灾时供消防队员进行灭火与救援使用且具有一定功能的电梯。因此，消防电梯具有较高的防火要求，其防火设计十分重要。

普通电梯均不具备消防功能，发生火灾时，禁止人们搭乘电梯逃生。因为电梯受到温度影响，会停电停运、会发生燃烧，必将殃及乘客，甚至夺取他们的生命。而消防电梯通常都是具有完善的消防功能，它应当配备具有防火要求的双路电源，即建筑物客用电梯电源中断时，消防电梯的应急电源能自动投合，保证消防电梯继续运行；它应当具有紧急控制功能，当楼内发生火灾时，它可接受指令，及时返回首层供消防人员使用，而不再接纳乘客。此时消防人员携带灭火器材进入发生灾情的楼层进行灭火，抢救、疏散受伤或被围人员，避免消防人员与疏散逃生人员在疏散楼梯上形成对撞，延误灭火时机，影响人员疏散，防止消防人员通过楼梯登高灭火时间长、消耗大、体力不够，不能迅速投入战斗。

（二）消防电梯的内部设施及技术要求

消防电梯是高层建筑在发生灾情时用于灭火的重要工具，因此，它自身的防火要求也较高。

（1）梯井的设计

消防电梯的梯井应与其他竖向管井分开单独设置，不得将其他用途的电缆敷设在电梯井内，也不能在井壁上开孔。

（2）电梯井的耐火能力

为了保证消防电梯在任何火灾情况下都能坚持工作，电梯井井壁必须具有足够的耐火能力，其耐火等级一般不低于2.5h，现浇钢筋混凝土结构的耐火等级一般都在3h以上。

（3）井道与容量

消防电梯所处的井道顶部要有排出烟热的措施，轿厢的载重应为8～10个成人的重量，还要考虑消防人员携带灭火器材的重量，最低不小于800kg，净面积不小于1.4m^2。

（4）轿厢的装修

消防电梯轿厢内部装修不同于普通客梯的装修，应采用不燃烧材料，确保火灾时安全通行，内部的传呼按钮等也要有防火措施，保证不会因烟热影响而失去作用。

（5）消防电源

消防电梯应有两路电源，除日常电路所提供的电源外，供给消防电梯的专用应急电源应采用专用的供电回路，并设有明显的标志，使之不受火灾断电影响，其线路敷设应当符合消防用电设备的配电线路规定。

（6）功能转换和专用按钮

正常时，消防电梯可作为工作电梯使用，火灾时转为消防电梯。其控制子系统应设置转换装置，在火灾时能迅速改变使用条件，适应消防电梯的特殊要求。此时的控制按钮转换为消防专用按钮，消防电梯能迫降至底层或任意指定楼层。同时，其他非消防电梯停用，落到底层，消防电源开始工作，排烟风机开启。

（7）应急照明

消防电梯及其前室应设置应急照明，以保证消防人员能够正常工作。

（8）专用电话和操纵按钮

消防电梯轿厢内设有专用电话和操纵按钮，以便消防队员在灭火救援中与外界保持联系，也可以与消防控制中心直接联络。操纵按钮时消防队员自己操纵电梯的装置，此时消防电梯不再响应各楼层的呼叫，只响应轿厢内操纵盘的操作信号。

4.4 电梯一体机技术与应用

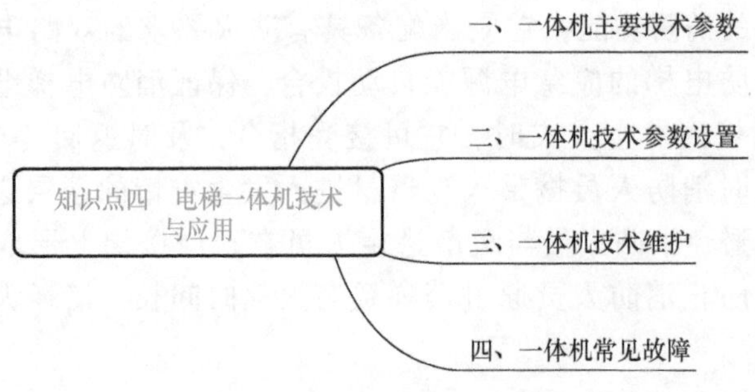

一、一体机主要技术参数

（一）系统简介

NICE3000^{new}系列电梯驱动控制一体机，是集计算机技术、自动控制技术、网络通信技术、电机矢量驱动技术于一体的智能控制系统，具有国际先进水平。

NICE3000^{new}电梯一体化控制系统主要包括电梯一体化控制器、轿顶控制板（MCTC-CTB)、显示召唤板（MCTC-HCB)、轿内指令板（MCTC-CCB)，以及可选择的提前开门模块、远程监控系统等。

1）一体化控制器通过电动机编码器的反馈信号控制电动机，同时以脉冲计数的方式记录井道各位置开关的高度信息，实现准确平层、直接停靠，保障运行安全。

2）轿顶控制板与一体化控制器采用 CANbus 通信，实现轿厢相关部件的信息采集与控制。

3）厅外显示与一体化控制器采用 MODbus 通信，只需简单地设置地址，即可完成所有楼层外召唤的指令登记与显示。

NICE3000^{new}一体化控制器的系统架构如图 4-4-1 所示。

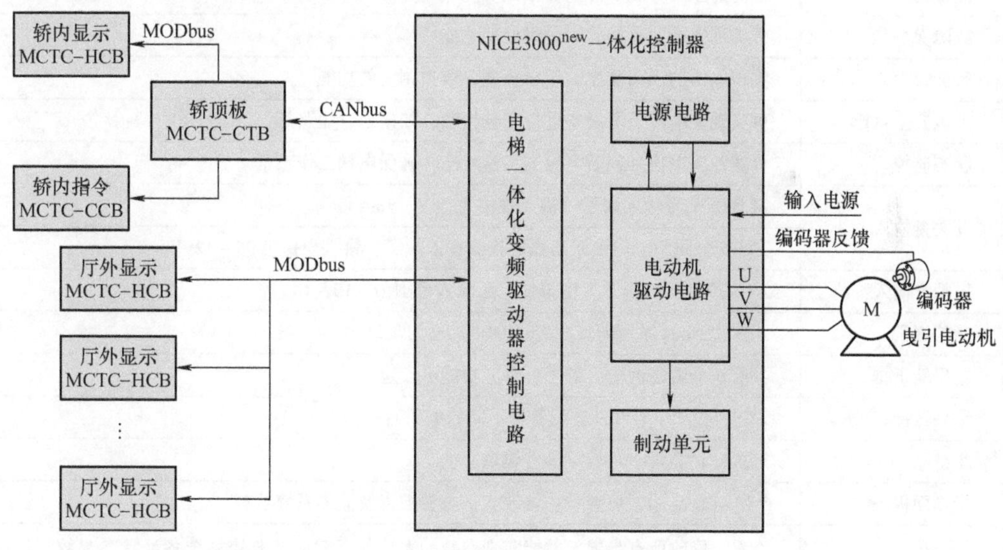

图 4-4-1　一体化控制器的系统架构

（二）系统特性

电梯一体化控制器特性参数见表 4-4-1。

表 4-4-1　电梯一体化控制器特性参数

项目		规格
基本规格	最高频率	99Hz
	载波频率	2~16kHz；根据负载特性，可以自动调整载波频率
	电动机控制方式	开环矢量控制/闭环矢量控制/V/F 控制方式
	起动转矩	0.5Hz/180%（开环矢量）；0Hz/200%（闭环矢量）

（续）

项目		规格	
基本规格	调速范围	1：100（开环矢量）	1：1000（闭环矢量） 1：50（V/F 控制）
	稳速精度	±0.5%（开环矢量）	±0.05%（闭环矢量）
	转矩控制精度	±5%（闭环矢量控制）	
	过载能力	150%额定电流 60s；200%额定电流 1s	
	电动机调谐	带负载调谐；无负载调谐	
	距离控制	可以灵活调整平层位置的直接停靠方式	
	加减速曲线	*N* 条曲线自动生成	
	电梯强迫减速	新颖可靠的强迫减速功能，自动识别减速架位置	
	井道自学习	采用 32 位数据，精确记录井道位置	
	平层调整	灵活易行的平层调整功能	
	起动转矩补偿	可以配合称重传感器匹配合适的起动转矩，也可以启用无称重转矩自适应功能	
	实时时钟	精确的实时时钟可以完成丰富的分时服务、高峰服务、自动密码等功能	
	测试功能	便捷的方式实现多种电梯调试功能	
	故障保护	多类别完善的电梯故障分级处理功能	
	智能管理	实现电梯的远程监控、用户管理、群控调度的功能	
	上电安全自检	可实现上电对外围设备进行安全检测，如接地、短路等	
	状态监控	根据各反馈信号判断电梯的工作状态，确保电梯工作正常	
输入输出特性	开关量输入	24 路开关量输入端子，输入规格为 24V、5mA	
		3 路安全回路、门锁回路强电检测输入端子，输入规格为 95～125V	
	模拟量输入	AI 模拟量输入端子，模拟量电压输入范围为 −10～10V	
	通信端子	2 组 CANbus 通信端口/1 组 MODbus 通信端口	
	输出端子排	共有 6 个继电器输出端子，对应功能可设定	
	编码器接口	通过外配 PG 卡可以适配各种不同的编码器	
操作与提示	小键盘	3 位 LED 显示，可实现部分调试功能	
	操作面板	5 位 LED 显示，可查看、修改大部分参数以及监控系统状态	
	液晶操作器	查看、修改所有参数，并能实现参数的上传与下载以及监控系统各种状态参数，包括运行曲线等	
	上位机软件	系统与计算机连接，全面、直观地查看、修改系统状态	
环境	海拔	低于 1000m（高于 1000m 每 100m 降额 1%）	
	环境温度	−10～+50℃（环境温度在 40℃以上，请降额使用）	
	湿度	小于 95%RH，无水珠凝结	
	振动	小于 $5.9\mathrm{m/s^2}$（0.6*g*）	
	存储温度	−20～+60℃	
	污染等级	PD2	
	IP 等级	IP20	
	适用电网	TN/TT	

二、一体机技术参数设置

LED 操作面板通过 8P 网线（两头都是 485B 标准）连接到 NICE 系列控制器的 RJ45 插口，用户通过操作面板可以对 NICE 系列电梯一体化控制器进行功能参数修改、工作状态监控和操作面板运行时的控制（起动、停止）等操作。LED 操作面板外观示意图如图 4-4-2 所示。

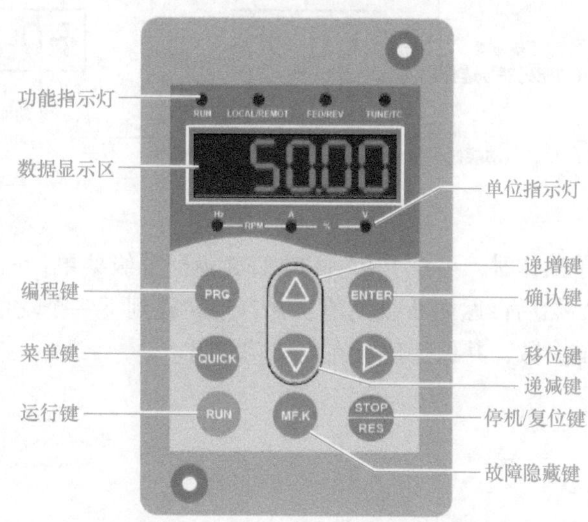

图 4-4-2　LED 操作面板外观示意图

1）操作面板键盘按钮说明见表 4-4-2。

表 4-4-2　操作面板键盘按钮说明

按键	名称	功能
PRG	编程键	一级菜单的进入和退出
ENTER	确认键	逐级进入菜单画面，设定参数确认
△	递增键	数据或功能码的递增
▽	递减键	数据或功能码的递减
▷	移位键	在停机状态和运行状态下，通过移位键可以循环选择 LED 的显示参数，在修改参数时，通过移位键可以选择参数的修改位
RUN	运行键	在操作面板操作方式下，按此键用于启动运行
STOP/RES	停止/复位键	在操作面板操作方式下，按此键用于停止运行，故障报警状态时，按此键可进行故障复位的操作
QUICK	快捷键	进入或退出快捷菜单的一级菜单
MF. K	故障隐藏键	故障报警状态时，按此键可以进行故障信息的显示与消隐，方便参数查看

2）三级菜单操作说明。

操作面板参数设置采用三级菜单结构形式，可方便快捷地查询、修改功能码及参数。三级菜单分别为：功能参数组（Ⅰ级菜单）→功能码（Ⅱ级菜单）→功能码设定值（Ⅲ级菜单）。操作流程如图4-4-3所示。

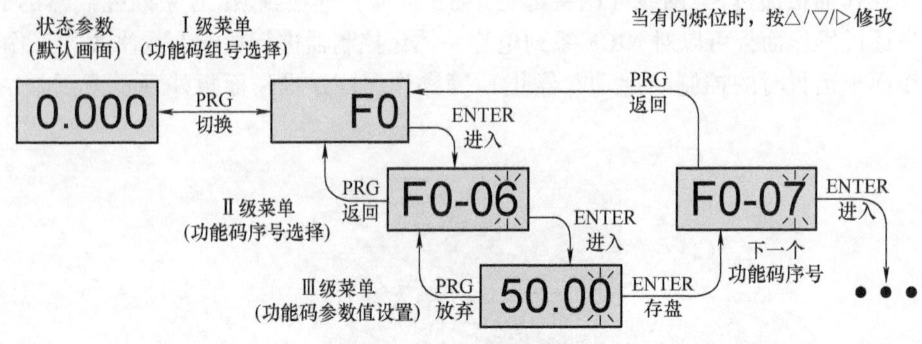

图4-4-3　操作流程图

说明：在三级菜单操作时，可按PRG或ENTER返回Ⅱ级菜单。两者的区别是：按ENTER将设定参数保存后然后再返回Ⅱ级菜单，并自动转移到下一个功能码，按PRG则直接返回Ⅱ级菜单，不存储参数，并保持停留在当前功能码。

三、一体机技术维护

（一）门机一体机调谐

设定完成电梯参数后，需进行电动机调谐。首先将F002设为0，F100设为1，根据下列表格内的参数将电动机参数输入控制器，F116设为4，面板显示“TUNE”，然后按“OPEN”键进行调谐。调谐完毕后试运行，设定F004 = 5.00Hz，按“OPEN”或“CLOSE”键试运行。检查电动机运行是否正常，如若运行不畅，则再次进行电动机调谐，见表4-4-3。

表4-4-3　门机一体机调谐参数

相关参数	参数描述	说明
F101	额定功率	50W
F102	额定电压	50V
F103	额定电流	1.1A
F104	额定频率	24Hz
F105	额定转速	180rad/s

（二）门机一体机门宽自学习操作

设定F002 =2，当F600参数由0变为1时使能门宽自学习功能，按下开门键或关门键即可开始门宽自学习，以关门（到位）—开门（到位）—关门（到位）的逻辑运行，开/关门到位堵转时，存储门宽。设置F002 =1，进行整机调试。

（三）参数调谐

1）F0组基本参数，见表4-4-4。

表 4-4-4 F0 组基本参数

功能码	名称	设定范围	最小单位	出厂设定值	更改属性
F000	控制方式	0：磁通矢量控制 1：闭环矢量控制	1	1	■
F001	开关门方式选择	0：速度方式控制 1：距离控制方式	1	1	■
F002	命令源选择	0：操作面板控制方式 1：门机端子控制方式 2：门机手动控制方式 3：门机自动控制方式	1	0	■
F004	面板设定频率	0.00Hz ~ F104	0.01Hz	5.00Hz	□
F005	输入点快捷设置	0 ~ 2	1	1	■
F006	慢速行走速度设定	0.00 ~ 20.00Hz	0.0Hz	4.00Hz	□
F007	载波频率调节	2.0 ~ 16.0kHz	0.1kHz	8.0kHz	□

2）F3 组开门运行参数，见表 4-4-5。

表 4-4-5 F3 组开门运行参数

功能码	名称	设定范围	最小单位	出厂设定值	更改属性
F300	开门起动低速设定	0.00Hz ~ F303	0.01Hz	5.00Hz	□
F301	开门起动加速时间	0.1 ~ 999.9s	0.1s	1.0s	□
F302	速度控制下开门起动低速运行时间	0.1 ~ 999.9s	0.1s	1.0s	□
F303	开门高速设定	0.00Hz ~ F104	0.01Hz	15.00Hz	□
F304	开门加速时间	0.1 ~ 999.9s	0.1s	2.0s	□
F305	开门结束低速设定	0.00Hz ~ F303	0.01Hz	3.00Hz	□
F306	开门减速时间	0.1 ~ 999.9s	0.1s	1.5s	□
F307	开门到位力矩切换点设置	0.0% ~ 150.0% 电动机额定转矩	0.1%	50.0%	□
F308	开门到位保持力矩	0.0% ~ 180.0%	0.1%	80.0%	□
F309	开门受阻力矩	0.0% ~ 150.0% 电动机额定转矩	0.1%	80.0%	□
F310	开门起动力矩	0.0% ~ 150.0% 电动机额定转矩	0.1%	0.0%	■
F311	开门受阻判定时间	0 ~ 9999ms	1ms	0ms	□
F312	开门到位低速设定	0.00 ~ F303	0.01Hz	3Hz	□

3）F4 组关门运行参数，见表 4-4-6。

表 4-4-6 F4 组关门运行参数

功能码	名称	设定范围	最小单位	出厂设定值	更改属性
F400	关门起动低速设定	0.00Hz ~ F403	0.01Hz	4.00Hz	□
F401	关门起动加速时间	0.1 ~ 999.9s	0.1s	1.0s	□

(续)

功能码	名称	设定范围	最小单位	出厂设定值	更改属性
F402	速度控制下关门起动低速运行时间	0.1～999.9s	0.1s	1.0s	□
F403	关门高速设定	0.00Hz～F104	0.01Hz	12.00Hz	□
F404	关门加速时间	0.1～999.9s	0.1s	2.0s	□
F405	关门结束低速设定	0.00Hz～F403	0.01Hz	2.00Hz	□
F406	关门减速时间	0.1～999.9s	0.1s	1.5s	□
F407	关门到位低速设定	0.00Hz～F403	0.01Hz	1.00Hz	□
F408	关门到位低速运行时间	1～9999ms	1ms	300ms	□
F409	收到速度设定	0.00Hz～F403	0.01Hz	2.00Hz	□
F410	收到运行时间	1～9999ms	1ms	500ms	□
F411	关门到位力矩转换切换点设置	0.0%～150.0%电动机额定力矩	0.1%	50.0%	□
F412	关门到位保持力矩	0.0%～F411	0.1%	30.0%	□
F413	关门受阻力矩	0.0%～150.0%	0.1	100.0	■
F414	关门受阻工作方式	0：保留 1：关门受阻仅输出受阻信号 2：关门受阻立即停止 3：关门受阻重新开门	1	1	■
F415	关门受阻判定时间	0～9999ms	1ms	500ms	□
F416	消防关门高速设定	5.00Hz～F104	0.01Hz	10.00Hz	□
F417	关门受阻高速设定	F418～F104	0.01Hz	12.00Hz	□
F418	关门受阻低速设定	0.00Hz～F104	0.01Hz	2.00Hz	□
F419	高速受阻力矩设定	0.0%～150.0%	0.1%	100.0%	□
F420	低速受阻力矩设定	0.0%～150.0%	0.1%	100.0%	□

(四) 门机一体机安装

根据接线图样为门机控制器相关信号配线，如图4-4-4所示。

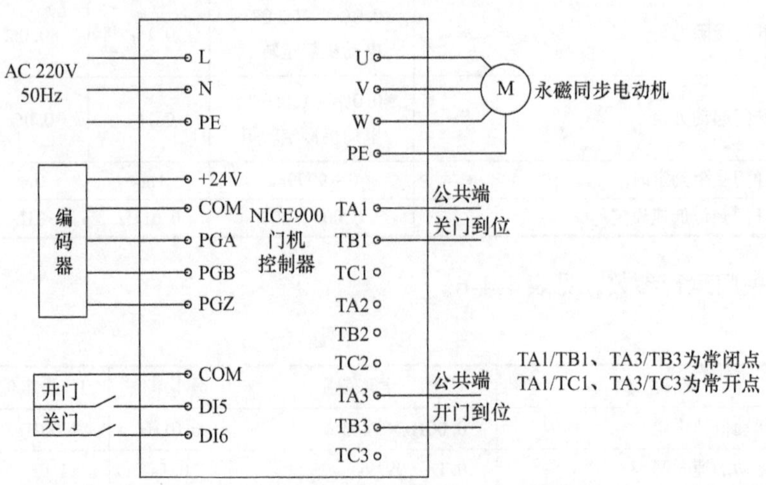

图4-4-4 门机控制器相关信号配线

四、一体机常见故障

（一）一体机控制器常见故障

一体机控制器常见故障见表4-4-7。

表4-4-7　一体机控制器常见故障

故障代码	故障描述	故障原因简述	详细排查指导	类别
Err22	平层信号异常	1. 子码101：平层信号粘连 2. 子码102：平层信号丢失 3. 子码103：电梯在自动运行状态下，出平层位置偏差过大	1. 子码101、102： a. 请检查平层、门区感应器是否工作正常 b. 检查平层插板安装的垂直度、感应器的插入深度是否足够 c. 检查主控制板平层信号输入点工作是否正常 2. 子码103： 检查钢丝绳是否存在打滑现象	1A
Err37	抱闸接触器反馈异常	1. 子码101：抱闸接触器输出与抱闸反馈状态不一致 2. 子码102：复选的抱闸接触器反馈点动作状态不一致 3. 子码103：抱闸接触器输出与抱闸行程1反馈状态不一致 4. 子码104：复选的抱闸行程1反馈状态不一致 5. 子码105：起动运行开抱闸前，抱闸接触器反馈有效 6. 子码106：抱闸接触器输出与抱闸行程2反馈状态不一致 7. 子码107：复选的抱闸行程2反馈状态不一致 8. 子码108：抱闸接触器输出与I/O扩展板上抱闸行程1反馈状态不一致 9. 子码109：抱闸接触器输出与I/O扩展板上抱闸行程2反馈状态不一致	1. 子码101： a. 检查抱闸接触器是否正常吸合 b. 检查抱闸接触器反馈点（NO、NC）设置是否正确 c. 检查抱闸接触器反馈线路是否正常 2. 子码102： a. 检查抱闸接触器复选点常开、常闭设置是否正确 b. 检查多路复选点反馈状态是否一致 3. 子码103、106： a. 检查抱闸行程1/2反馈点常开、常闭设置是否正确 b. 检查抱闸行程1/2反馈线路是否正常 4. 子码108、109： a. 检查I/O扩展板上的抱闸行程1/2反馈点常开、常闭设置是否正确 b. 检查抱闸行程1/2反馈线路是否正常 5. 子码104、107： a. 检查抱闸行程1/2反馈复选点常开、常闭设置是否正确 b. 检查多路复选点反馈状态是否一致 6. 子码105：检查抱闸接触器反馈信号是否误动作	5A
Err41	安全回路断开	子码101：安全回路信号断开	若安全门锁接的是低压检测点，设置参数：F5－04＝4，F5－05＝5，F5－37＝F5－38＝F5－39＝0 若安全门锁接的是高压检测点，设置参数：F5－04＝F5－05＝0，F5－37＝4，F5－38＝F5－39＝5 子码101： a. 检查安全回路开关，查看其状态 b. 检查外部供电是否正确 c. 检查安全回路接触器动作是否正确 d. 检查安全反馈触点信号特征（NO/NC）	5A

（续）

故障代码	故障描述	故障原因简述	详细排查指导	类别
Err45	强迫减速异常	1. 子码101：井道自学习时，下强迫减速距离不足 2. 子码102：道自学习时，上强迫减速距离不足 3. 子码103：常运行时，强迫减速粘连或异常 4. 子码106：井道自学习时，上下2级强迫减速信号动作异常 5. 子码107：井道自学习时，上下3级强迫减速信号动作异常	1. 子码101～103： a. 检查上、下强迫减速开关接触是否正常 b. 确认上、下强迫减速信号特征（NO/NC） c. 确认强迫减速安装距离满足此梯速下的减速要求 2. 子码：106 a. 检查2级上、下强迫减速信号是否接反 b. 检查2级上、下强迫减速信号特征（NO/NC） 3. 子码：107 a. 检查3级上、下强迫减速信号是否接反 b. 检查3级上、下强迫减速信号特征（NO/NC）	4B
Err53	门锁故障	1. 子码101：开门输出3s后，门锁反馈信号有效 2. 子码102：开门输出3s后，多个门锁复选点反馈信号状态不一致 3. 子码103：保留 4. 子码104：高低压门锁信号不一致 5. 子码105：开门输出3s后，控制板上低压门锁短接信号有效 6. 子码106：开门输出3s后，控制板上高压门锁短接信号有效	1. 子码101、105、106： a. 检查门锁回路动作是否正常 b. 检查门锁接触器反馈触点动作是否正常； c. 检查在门锁信号有效的情况下系统是否收到了开门到位信号 2. 子码102：厅、轿门锁信号分开检测时，厅、轿门锁状态不一致 3. 子码104：门锁高低压信号同时检测时，主板接收到的高低压门锁信号存在1.5s以上的时间差。E53故障保护，字码104断电复位 4. 子码105、106：检查门锁短接检测回路在开门时是否有短接	5A

（二）门机一体机常见故障

门机一体机常见故障见表4-4-8。

表4-4-8　门机一体机常见故障

故障显示	故障描述	故障原因	处理方法	备注
Er11	电动机过载	1. F814设置不当 2. 负载过大 3. 门系统机械故障	1. 调整参数，可设定F814为默认值 2. 减小负载 3. 检查电梯门导轨等结构是否正常	
Er13	输出侧缺相	1. 主回路输出接线松动 2. 电动机损坏	1. 检查连线 2. 排除电动机故障	减速停车
Er19	电动机调谐超时	1. 电动机参数设定不对 2. 参数调谐超时 3. 同步机旋转编码器异常	1. 正确输入电动机参数 2. 检查电动机引线 3、检查旋转编码器接线，确认每转脉冲数设置正确	
Er20	旋转编码器故障	1. 旋转编码器型号是否匹配 2. 旋转编码器连线错误	1. 选择开路集电极类型的ABZ相旋转编码器 2. 排除接线问题	

（续）

故障显示	故障描述	故障原因	处理方法	备注
Er27	门宽自学习故障	1. 门宽自学习学到的门宽数据小于20 2. 没有门宽自学习前，进行距离控制运行	1. 检查编码器接线和相关参数 2. 检查门机机械系统 3. 距离控制运行前，进行门宽脉冲自学习	

4.5 触摸屏应用

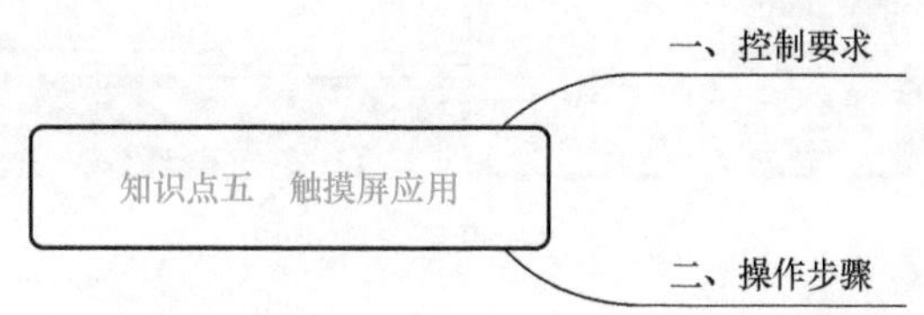

一、控制要求

在触摸屏上完成以下任务：

1）电梯楼层数码显示；

2）模拟内外呼。

二、操作步骤

（一）根据变量表，建立连接通道

根据变量表，建立连接通道，如图4-5-1所示。

图4-5-1 建立连接通道

(二) 新建窗口，并设置为启动窗口

新建窗口设置为启动窗口（触摸屏上电后出现的第一个界面)，如图 4-5-2 所示。

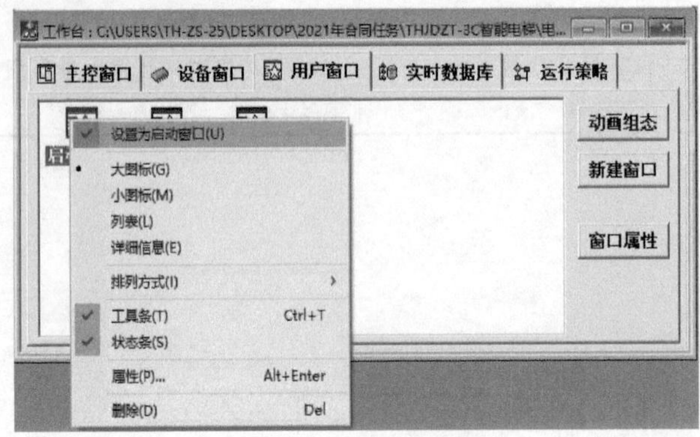

图 4-5-2 设置启动窗口

(三) 在窗口 0 编辑一个用于画面切换的按钮

双击“窗口 0”，开始编辑动画组态。

创建一个标准按钮，在其属性设置里的“基本属性”界面，输入文本“楼层显示界面”，然后在“操作属性”界面，选择“按下功能”，“打开用户窗口”选择“窗口 1”，而“关闭用户窗口”选择“窗口 0”，如图 4-5-3 所示。

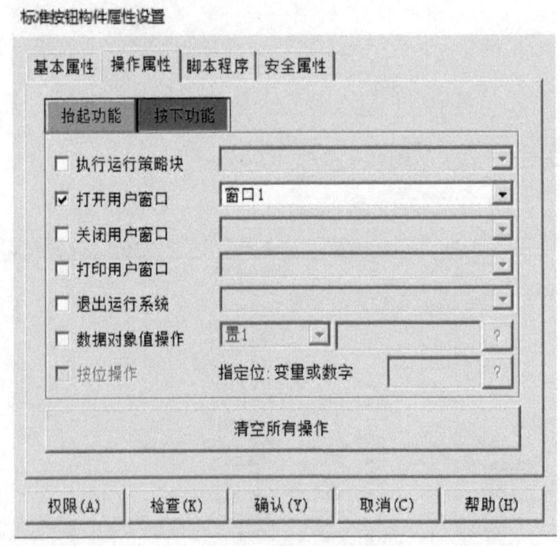

图 4-5-3 组态

＊若在工程中添加图片首先要注意：

1）MCGS 位图构件只识别 BMP 格式位图。

2）每个画面最多添加 2MB 位图，所以位图文件最好设置为 256 色位图。

3）位图添加过多，位图过大，容易造成工程运行缓慢。如果工程过大，则有可能无法下载到屏里。

（四）编辑一到四楼的楼层数码显示

创建 1 个文本标签，输入文本“1”，粗体，大小为 300，无填充颜色，无边线，字符为红色并添加可见度，设置可见度表达式为“设备 0_读写 M0108”，当表达式非零时对应图符可见。楼层显示设置如图 4-5-4 所示。

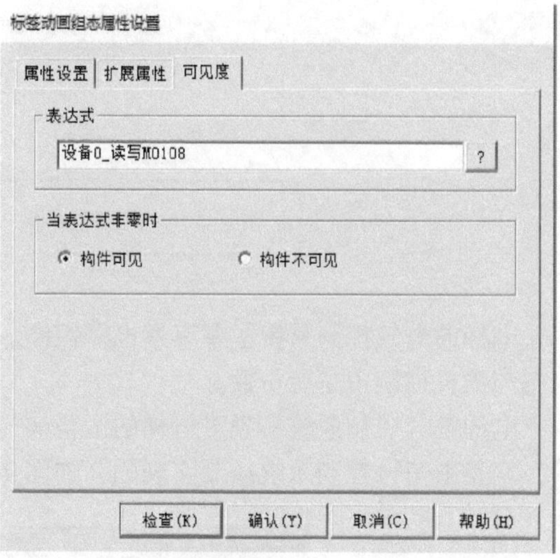

图 4-5-4 楼层显示设置

一楼的数码显示就完成了。然后复制做好的一楼动画标签，粘贴 3 个，要求分别显示二、三、四楼的数码，因此，修改文本以及修改可见度的表达式为对应值。

通过 [工具栏按钮] 把做好的 4 个图片调到同样大小，并叠在一起。

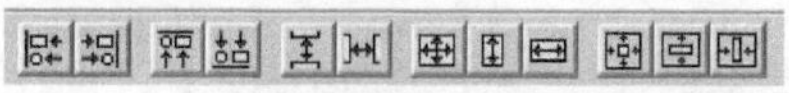

轿厢上下指示灯，在“常用图符”里找到 [图符]，在之前画好的楼层数码显示右边画 2 个三角形，分别指示上下两个方向。

轿厢超载指示灯，当轿厢超载时，超载指示灯闪烁；正常运行时，超载指示灯不亮。

方法根编辑楼层指示一样，通过标签 A，设置无填充颜色，无边线，字符颜色为红，“字体设置”里设置字的大小为 80，粗体，勾选“可见度”和“闪烁效果”，在“扩展属性”中输入文本“超载”，“闪烁效果”表达式输入 X7，“可见度”表达式 X7。字符显示如图 4-5-5 所示。

图 4-5-5 字符显示

使用相同的步骤逐渐添加模拟内外呼盒。监控画面如图 4-5-6 所示。

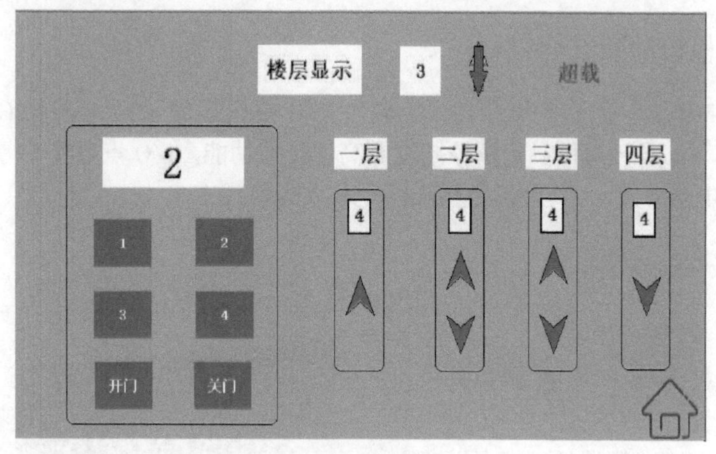

图 4-5-6 监控画面

最后，在窗口 1 中编辑一个返回窗口 0 的按钮。

4.6 PLC 技术应用

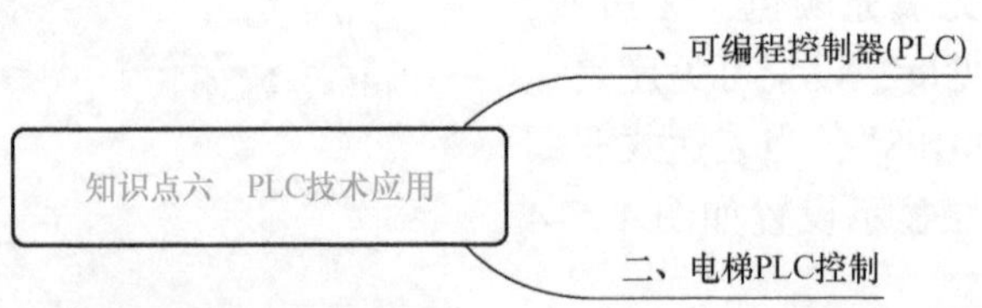

电梯的电气控制系统主要有继电器控制、PLC 控制和微机控制三类。目前电梯市场 PLC 控制与微机控制占主要份额。

电梯电气控制系统实现对电梯的运行实行操纵和控制等功能，包括起动、运行、开关门等，均是由信号控制系统控制实现的，如图 4-6-1 所示。

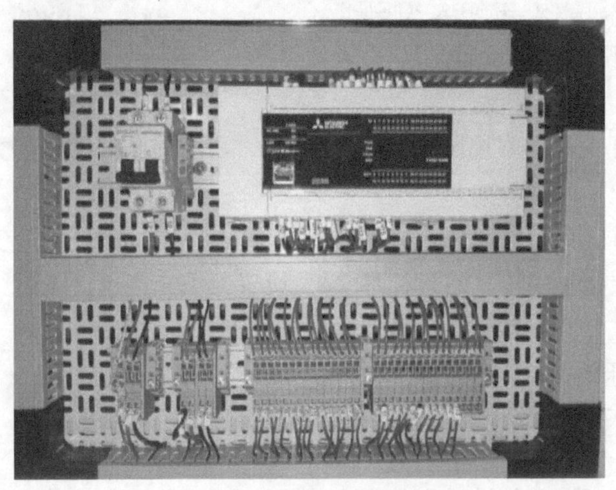

图 4-6-1　电气控制系统

一、可编程控制器（PLC）

FX5U－64MR/ES 是三菱 PLC FX5U 系列 PLC 中先进的系列。该 PLC 控制器中内置 RS－485 通信、Ethernet 通信、定位控制以及高速计数功能。I/O 点数有 64 点（输入 32 点/输出 32 点，继电器方式），其外形结构如图 4-6-2 所示。

二、电梯 PLC 控制

（一）PLC 控制系统分析

电梯 PLC 控制系统应遵循以下原则：

1）最大限度地满足被控对象的控制要求。

2）保证 PLC 控制系统运行安全可靠。

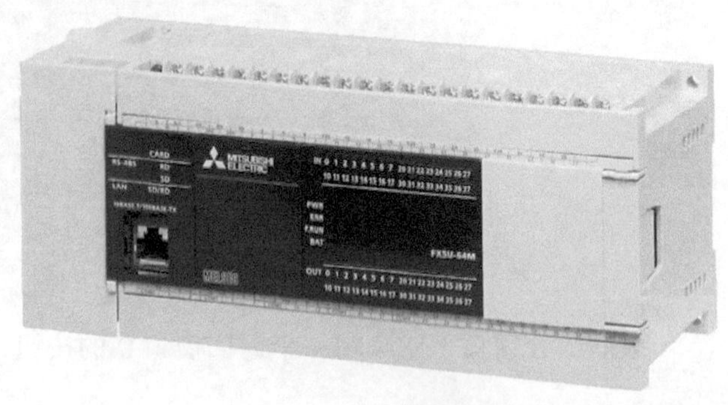

图 4-6-2　可编程控制器

3）力求简单、经济、安全。

（二）电梯控制设计思路

对于电梯控制程序，具体编写方法有多种。下面以 THJDZT－3C 智能电梯综合实训考核平台为例进行控制思路分析。

该考核平台的控制系统是以一体机控制为主，PLC 控制为辅的控制系统。当一体机控制的检修开关打开时，可使用控制柜中的转换开关将电梯上下行以及开关门的功能通过 PLC 进行控制。

THJDZT－3C 智能电梯综合实训平台中 PLC 控制系统是在微机控制的基础上进行添加，从而减少了部分控制信号，具体 I/O 分配见表 4-6-1。PLC 与 MCGS 触摸屏相结合可对电梯进行起动、开关门、运行、群控等控制。

表 4-6-1　I/O 分配表

I/O 点	备注	I/O 点	备注
X0	一层	X10	光幕
X1	二层	X17	上行
X2	三层	X20	下行
X3	四层	X21	停止
X4	平层信号	Y0	开门
X5	关门到位	Y1	关门
X6	开门到位	Y4	上行
X7	超载	Y5	下行

（1）上电初始化

上电进行初始化，对楼层进行判断，如图 4-6-3 所示。

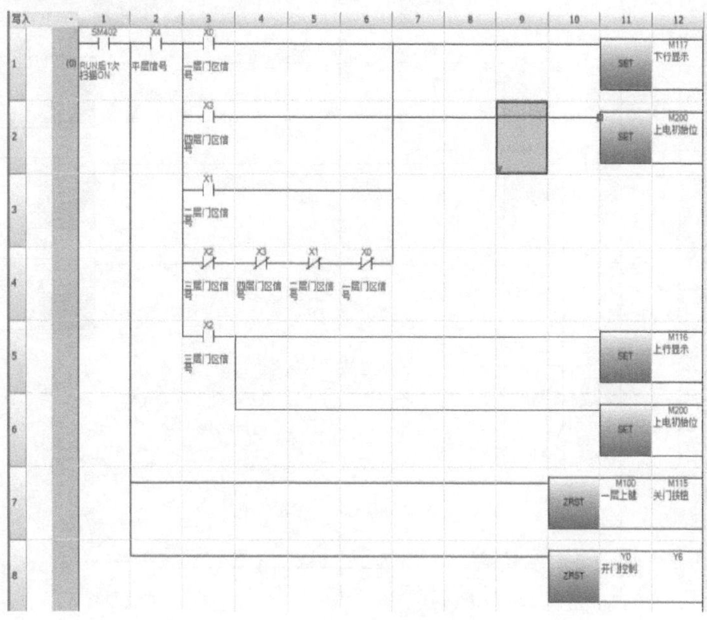

图 4-6-3　上电初始化

(2) 楼层显示

THJDZT－3C 智能电梯中以光电传感器作为楼层信号，PLC 通过楼层信号可以判断轿厢所在楼层，如图 4-6-4 所示。

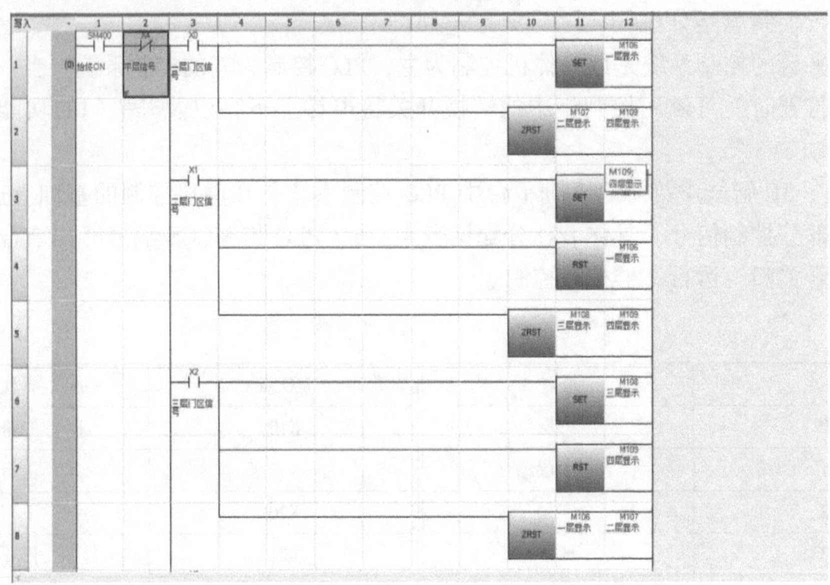

图 4-6-4　楼层信号

(3) 开关门控制

开关门按钮以及用触摸屏监控画面模拟内外呼，可以使电梯进行开关门，如图 4-6-5 所示。

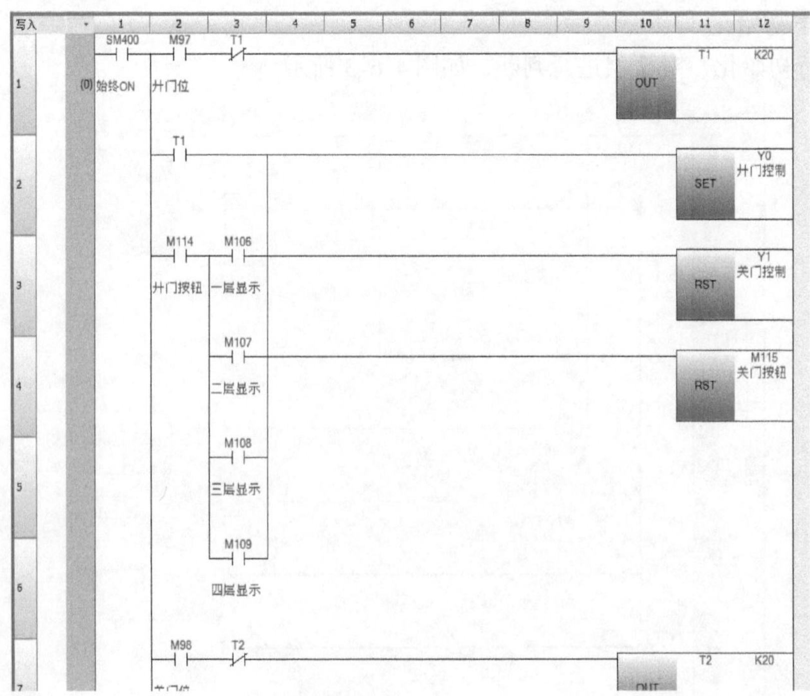

图 4-6-5　开关门控制

4.7 拓展知识

中国电梯行业市场现状及发展前景分析

1. 中国电梯企业数量和电梯产量不断上升

在城镇化持续发展、基础设施投资建设和旧楼加装电梯等动力推动下，我国电梯行业新成立企业数在2010～2019年呈现持续上升趋势，2020年有所回落。在2019年，中国电梯行业新成立企业数达到14968家；2020年，电梯行业新成立企业数量为8425家；截止到2021年7月11日，我国企业名称及经营范围包括但不限于中国电梯制造行业的在业或存续企业共计101053家。

随着电梯企业数量的不断增加以及在新装、换装市场的推动下，电梯行业产量逐渐增多。根据中国电梯协会数据，2010～2020年，中国电梯产量呈上升趋势，多年复合增长率达到11.4%。2020年我国电梯产量达到105万台，增长7.1%。

2. 中国电梯新装需求量总体呈上升趋势

根据相关统计数据显示，2001～2019年，中国电梯和自动扶梯新增安装数量呈现波动上涨趋势，2019年电梯和自动扶梯新增安装数量为60万台，2020年中国电梯和自动扶梯的新装数量约为65万台。

3. 我国老旧电梯存量较大

一般而言，三菱、日立等日本电梯的报废年限约为15年，奥的斯、迅达、通力等欧美电梯的报废年限约为25年。我国电梯报废年限也在15年左右。随着在用电梯使用寿命临近，预计未来旧梯更新需求将进一步增加。

4. 我国电梯保有量大，但人均保有量仍处于较低水平

由于房地产、城市公共基础设施建设等产业发展迅速，中国新装电梯市场一直保持着高速增长，2015～2020年，我国电梯登记数量逐年增多，2020年，我国电梯登记数量达786.55万台。

尽管我国电梯保有量较大，但人均保有量仍处于较低水平。2002年我国人均电梯保有量仅为约0.3台/千人；经过多年发展，截至2018年末，我国人均电梯保有量已经提升至约4台/千人，为同期意大利的1/4、韩国的1/3、法国的1/2。一线城市如深圳、北京、上海等地的电梯人均保有量分别为12台/千人、10台/千人、10台/千人，仍低于欧洲部分发达国家的平均水平。

随着我国城镇化发展、“一带一路”建设和制造业产业升级，我国民族电梯企业不断加强自主创新、突破技术瓶颈，未来我国仍将是全球电梯设备和相关服务需求迫切、生产力旺盛的市场。

项目5 电梯物联网智慧监测设备维护

5.1 电梯物联网技术

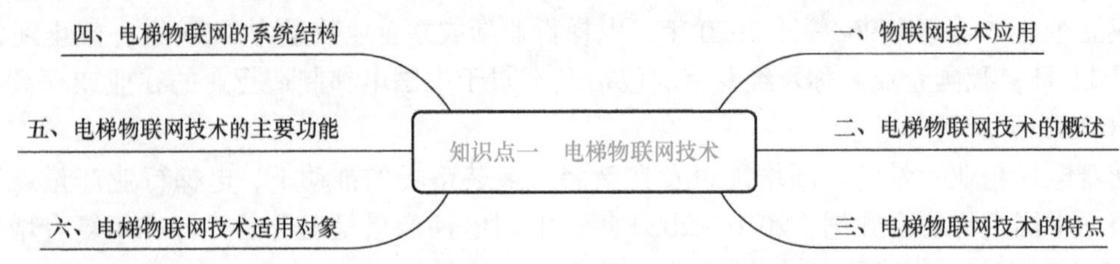

一、物联网技术应用

物联网被视为互联网的应用扩展，应用创新是物联网发展的核心，以用户体验为核心的创新是物联网发展的灵魂。

物联网是通过射频识别（RFID）、红外感应器、全球定位系统、激光扫描器等信息传感设备，按约定的协议，把任何物品与互联网相连接，进行信息交换和通信，以实现对物品的智能化识别、定位、跟踪、监控和管理的一种网络。

物联网是一个物理设备网络，通常代表了物理网络设备从我们周围的世界感知和收集数据的能力，几乎任何物理对象都可以转换为物联网设备。物理网络设备从周围的世界感知和收集数据，然后通过互联网共享该数据，最后通过云端对数据进行处理，从而可以应用于不同的场景和业务。

以下是几个较为广泛的物联网标准：

1）IoT－A 标准：IoT－A 是 2013 年欧盟的一个灯塔项目开发的模型和架构，其使用范围较广，常被用作具体架构的基础。

2）IEEE P2413 标准：由 IEEE 公布的框架，其领域包括制造业、智慧建筑、智慧城市、智能运输系统、智能电网和医疗保健。

3）IIRA 标准：IIRA 是工业互联网联盟专为工业 IoT 应用程序而开发的，该联盟由 AT&T、思科、通用电气、IBM 和英特尔于 2014 年 3 月共同创立。

IoT 的分层架构如图 5-1-1 所示。

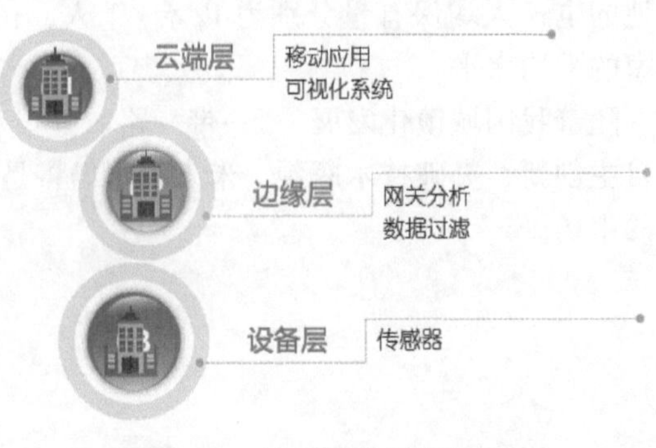

图 5-1-1　IoT 的分层架构图

设备层：由控制器、执行器、采集器等硬件设备组成，主要用于监测数据，通过传感器等设备来执行不同采集任务，将收集到的数据传输到下一层。

边缘层：从设备层发送过来的数据，在该层进行一系列的分析、过滤、聚合等操作。像数据过滤和聚合这样的数据预处理任务是在边缘层上执行的，然后，经过预处理的数据在通过某种通信方式发送到云端层。

云端层：数据经过处理后，将其发送到相关的应用系统中去，供进一步的分析、存储、应用。根据不同的业务需求，给用户提供一个可视化的数据结果，为相关的决策提供数据支持。

二、电梯物联网技术的概述

电梯物联网即利用先进的物联网技术，将电梯与电梯相连并接入互联网，从而使电梯、质监部门、房产企业、整梯企业、维保企业、配件企业、物业企业和业主之间可以进行有效的信息和数据的交换，从而实现对电梯的智能化监管，以提升电梯使用的安全性，保障乘客生命安全。

三、电梯物联网技术的特点

电梯物联网完全是架设在云服务上的应用，具有以下特点：

1）超大规模。

2）虚拟化。

3）高可靠性。

4）通用性。

5）高可扩展性。

6）按需服务。

7）极其廉价。

电梯整个生命周期的各个节点都在电梯物联网平台中进行：电梯的采购、出厂、建档、安装、验收、维保、故障报警以及年检等信息都在电梯物联网平台中得以实现；政府质监部门、房产企业、整梯企业、维保企业、销售企业、配件企业、物业公司、小区、业主等根据自身的用户权限访问不同的信息；各种应用都在电梯物联网平台中展开，电梯物联网真正做到有权限的信息和知识共享。

电梯物联网还具有电梯搜索引擎，在此用户可以快速检索到：企业类信息（企业的简介、新闻、产品、联系方式、服务内容、招聘职位、产品成功案例等）、产品类信息（产品名称、特点、简介、图片、型号、参数配置、说明书下载等）、服务类信息（服务项目、服务内容、服务满意度）及知识类信息（电梯维修专家系统，用户只需输入故障类型和描述，系统自动给出参考的解决方案）。

四、电梯物联网的系统结构

物联网的系统结构大致可以分为数据收集，数据传输，数据处理和服务管理，根据这三个不同的过程，其架构分为感知层、网络层和应用层。感知层主要用于由各种信息采集板卡组成的设备实现电梯系统中的数据信息采集，其中包括各种类型的传感器、设备标签、代码标签及激光扫描等。网络层负责接收感知层信息，进行初步数据转换处理，将其转发到网络进行传输，并连接到 Internet 和由各种网络组成的传统网络（包括宽带网络、无线网络等）

进行数据传输。应用层主要负责处理由感知层收集和功能用户所需的信息，它可以为用户提供特定的应用需求的物联网数据。

五、电梯物联网技术的主要功能

电梯物联网技术主要功能是为电梯安全和远程监控服务，是提供电梯运行数据采集和电梯故障实时传输的载体，还可用于重要部件安全监督和服务功能。

1）实时运行状态监控：监控电梯运行状态，实时监控电梯故障（包括被困人员，开关门信息等），同时监控操作状态（包括电梯登记信息、电梯维护保养信息、电梯运行速度、电梯占地面积等），因此可充分了解电梯运行信息。

2）实时故障报警：短信、微信、网络电话等的远程设置，确定电梯故障报告信息，并可以通过 GIS/GPS 电子地图进行实时警报定位。

3）故障应急处理：电梯异常时，电梯应急系统自动连接指挥中心。指挥中心 24h 接收客户投诉、警报和紧急救援。

4）日常维护监督：实现电梯维护过程中信息管理工作，评估电梯价值。

5）数据调出：发生事故时，电梯的状态信息被记录，为后续事故调查提供证据支持。

6）统计分析：系统平台上具有数据接口、查询功能和数据统计分析，可随时了解电梯运行中的故障类型及发生概率，评估电梯的健康状况，有效预防电梯故障。

六、电梯物联网技术适用对象

（一）电梯采购方

房产企业或政府单位可以在电梯物联网上创建并发布整梯求购信息，包括需求电梯的数量、配置和参数要求等内容；各整梯企业可根据求购方的要求，订制产品方案，整理报价，在线上传并提交，实现在线竞标。

（二）电梯使用单位

电梯使用单位如物业企业可以就电梯的安装、维保、大修、装潢等项目创建询价单，供各电梯服务性企业浏览查阅；各电梯服务性企业（电梯安装维保企业、电梯装潢企业等）可根据物业公司的要求，订制服务方案，整理报价，在线上传并提交，实现在线竞标；还可以帮助使用单位记录电梯安装、改造、大修等工程业务，不仅记录电梯改造和大修的概况和内容，同时记录施工后电梯的详细参数和配件更换情况。电梯工程信息也是质监部门电梯验收检验的重要参考和依据。

电梯使用单位可借助电梯物联网的强大功能，轻松搭建小区电梯远程监控指挥中心；监控电梯的运行情况和状态，当电梯发生故障时，电梯物联网第一时间通知物业报警信息；物业公司还可对电梯维保公司的工作进行网上监督，查看维保企业的资质，查看电梯维保状况等。

（三）电梯维保企业

电梯维保企业可以根据自身的实际情况，在物联网平台内在线查询电梯配件信息、在线询价、在线选购电梯配件；电梯物联网平台可与电梯配件企业的各种内部管理软件，如 ERP 系统无缝集成，方便整梯、维保企业实时查询所订电梯配件的内部审批、生产、完工

及发货情况。

电梯物联网一改传统维保模式，利用信息化手段对电梯维保到场和离场时间进行考勤；每次维保业务涉及的人员、地点、到场时间、结束时间和维保内容都清楚记录在案；同时系统会根据配件使用周期和次数，自动提醒维保员工在配件使用到期前更换；电梯物联网为维保企业管理自身电梯维保状况、为质监部门对电梯维保情况进行有效监管提供了方便的途径。

（四）政府监督管理部门

政府监督管理部门的主要职能就是实现行业监管；电梯物联网平台通过信息化的手段，有力地帮助了政府机关实现其监管职能：监控过期未保电梯、提醒企业年检、提醒检验员检验、电梯现场电子检验、检验结果网上审批和发布、重要和重大故障自动报警、维保人员到场时间管理、电梯维修时间管控、企业/员工/手机/电梯注册登记、企业资质管控和各种统计报表等，政府监督管理部门可对每个电梯维保企业的人均维保电梯量进行有效监管，帮助政府监督管理部门规范行业秩序，避免行业内恶性竞争。

电梯物联网还可帮助政府监督管理部门实现无纸化电子检验，检验员手持Pad终端前往现场检验，Pad自动下载检验单据，检验员现场打勾/评分并提交单据，单据经审核后，自动发布到电梯物联网平台上形成电梯检验报告，供各级用户查看，实现电梯现场检验的全程自动化操作。

在故障监管方面，平台会对其内的所有电梯进行远程动态监控，监督管理部门可实时监控电梯的运行状态；如遇电梯发生故障，平台会第一时间获取电梯故障信息并实时反馈到平台上，同时自动将重大故障信息通知监督管理部门相关人员处理（如大面积停电、电梯关人长时间无人响应、超过2h仍未解决的电梯故障等），避免发生重大严重问题。

物联网可以帮助政府监督管理部门进行多维度报表，为实现有效监管提供事实依据，比如，生成“检验报表”，包括过期未检电梯列表、整改电梯列表、不合格电梯列表、电梯年检覆盖率及电梯检验通过率；生成“维保报表”，包括维保报表、过期未保电梯列表、过期未换配件列表、维保满意度报表及电梯故障率统计表；还可生成“其他统计报表”，包括电梯占有率统计表、电梯开工统计表及电梯工程统计表。

（五）电梯整梯企业

（1）确保电梯安全

电梯物联网的最终目的无非是提升电梯的安全系数。接入电梯物联网的电梯，其安全性得到了有效保障：电梯一旦发生故障，会全程跟踪故障的发生、应对处理、完工和反馈；电梯即使未发生故障，也会对主要电梯配件进行实时监控，提前提醒更换关键配件以确保电梯的安全稳定运行，有效降低电梯发生故障的可能性，加速电梯故障的排除速度，从而提升电梯安全等级，最终保障乘客安全乘梯。

（2）售后管理

电梯物联网负责电梯整个生命周期的管控，其为每台电梯建立档案，实行一梯一档，包含电梯的配置参数、配件型号、安装改造记录、维保记录、急修记录、更换配件记录、年检记录等；电梯厂家随时可对该电梯档案进行维护和查询，方便电梯的安装、改造、修理和维保等电梯售后业务的开展。

(3) 质量统计

整梯企业可以很方便地获取某一系列、型号电梯某一时间段的故障分布情况，以及故障和解决方案清单，可帮助整梯企业客观评估产品目前存在的种种问题，对提升产品质量大有裨益。整梯企业还可以获知电梯工程队的工程质量，对于其评估电梯工程队的安装、改造的质量也很有帮助。配件的更换情况可进一步帮助整梯企业重新评估其配件供应商。

(六) 小区业主

小区业主可以利用各种电子设备（PC、Pad、手机等）免费接入电梯物联网；业主可监督物业和电梯维保公司的日常工作，查询电梯维保和年检状况；浏览小区物业通知和公告等。

5.2 电梯物联网维护设备通信设置

智能网络层负责接收感知层信息，进行初步数据转换处理，将其转发到网络进行传输，并连接到Internet和由各种网络组成的传统网络（包括宽带网络、无线网络等）进行数据传输。下面以THJDZT－3C型智能电梯实训综合平台为例对物联网维护设备通信设置进行介绍。

THJDZT－3C型智能电梯实训综合平台网络层使用的是IOT－WL435D型的4G智能物联网模块，如图5-2-1所示。

一、智能物联网模块的主要技术参数

1）型号：IOT－WL435D；

2）供电：压线端子，支持DC12～24V供电；

3）提供标准RS232、485接口，用于读取电梯数据；

4）远程配置协议类型，与数据读取方式相匹配；

5）通过4G网络将数据上传物联网平台；

6）使用标准SIM卡，支持全网通4G流量卡，可自适应；

7）通过RJ45对外提供网络。

智能模块与NICE3000new一体机控制器之间采用485通信方式，采用以太网的方式与Internet相连，如图5-2-2所示。

图5-2-1 4G智能物联网模块

二、对于智能网联电梯终端设备的调拨

(一) 调试APP软件安装

扫描下方二维码，下载“电梯业务”APP，如图5-2-3所示。

(二) 用户登录

安装完成后，打开APP，进入“登录”界面，输入登录信息。请联系系统管理员获取域名、账号及密码。

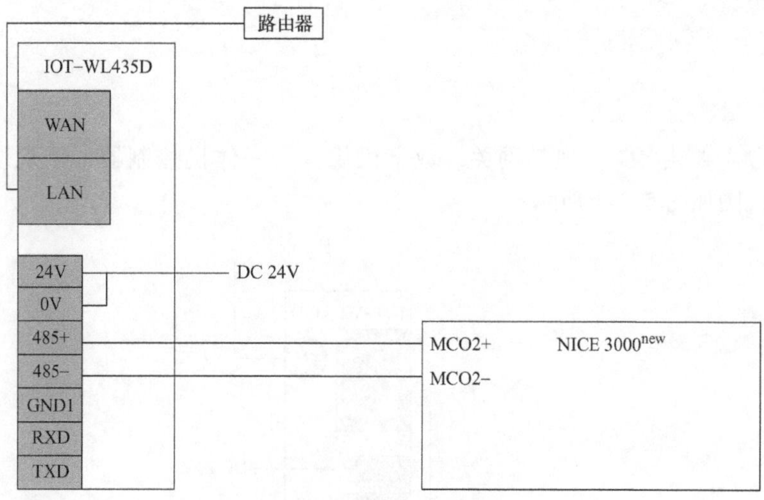

图 5-2-2　智能模块与 NICE3000^{new}一体机控制器之间通信

图 5-2-3　APP 下载二维码

（三）调拨

登录成功后，进入“工作台”界面，单击终端设备“智能硬件”按钮，进入功能列表，选择“调拨”功能，进入调拨界面后，扫描或输入智能硬件 LoginCode，单击“调拨”按钮，即完成此步骤。

绑定：手机 APP→智能硬件→绑定/解绑→扫描 4G 模块上的二维码→通过电梯工号搜索电梯信息→绑定。

5.3　电梯云平台技术应用

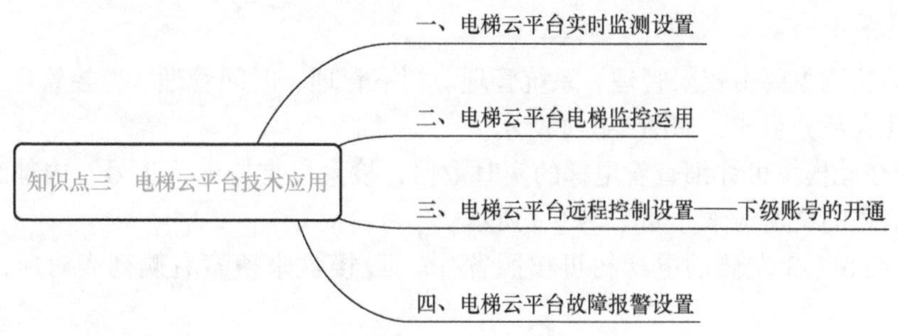

一、电梯云平台实时监测设置

(一) 云平台的设备组成

电梯云平台主要由 4G 音视频网关、数字摄像头、一体机控制器、手机、PC 机组成。云平台设备接线图如图 5-3-1 所示。

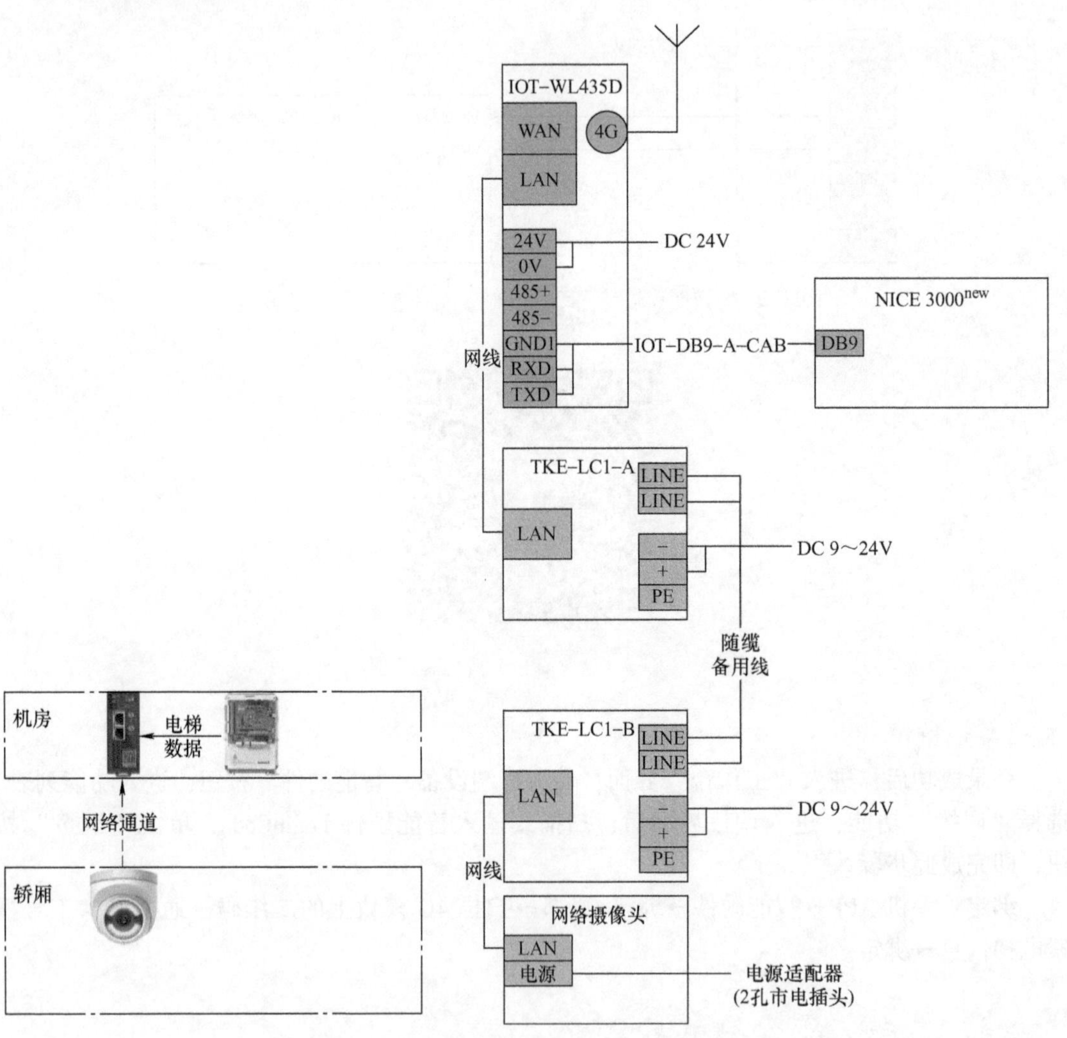

图 5-3-1　云平台的设备组成

(二) 云平台的功能及对电梯的监控

云平台的功能主要由权限管理、系统管理、档案管理、时间管理、监控管理、单位管理及我的账单几大部分组成，如图 5-3-2 所示。

1）用户在此模块可详细查看电梯的实时数据，检索栏支持电梯工号、内部编号、电梯注册代码等信息的快速检索，如图 5-3-3 所示。

2）单击图 5-3-3 左侧的电梯树可按照省/市/区/楼盘来搜索右侧列表对应的电梯，如图 5-3-4 所示。

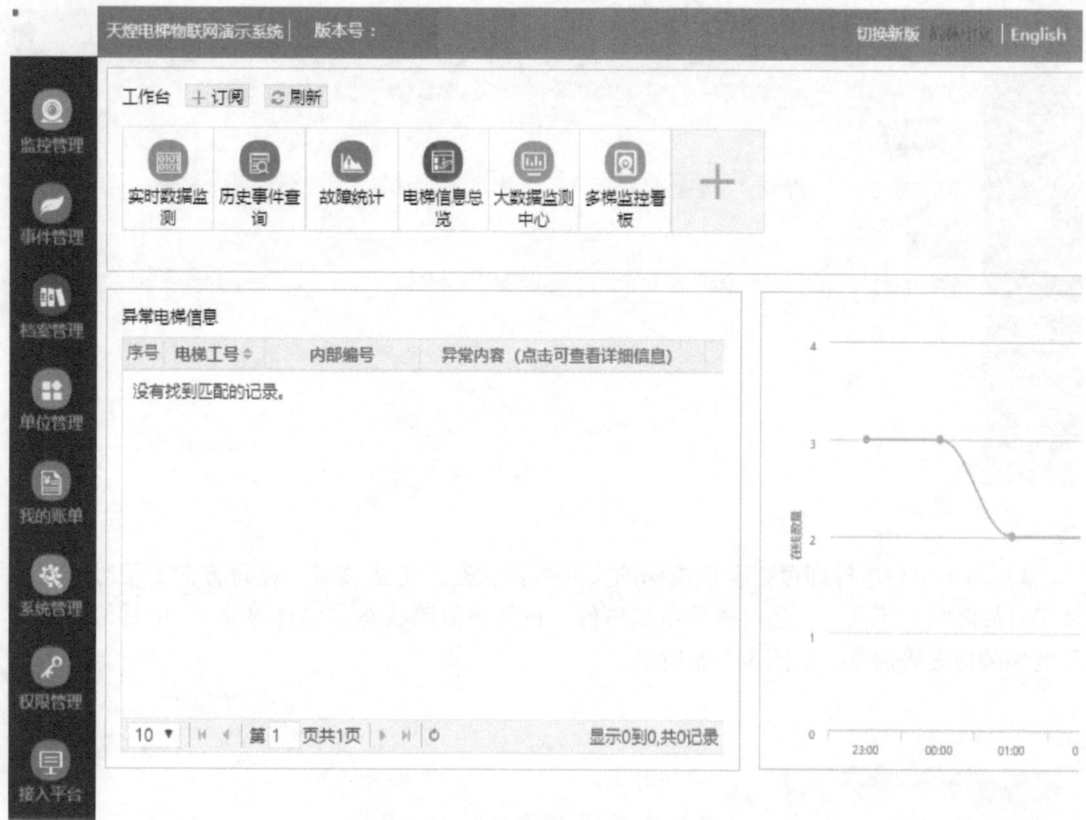

图 5-3-2　云平台的功能及对电梯的监控

天煌电梯物联网演示系统 | 版本号：　English　全部 7

工作台　档案管理　电梯信息管理　楼盘管理　智能硬件管理

电梯信息总览　出厂信息管理　安装信息管理　维保信息管理　批量修改电梯信息

总数量　7

国家/省/市/区/楼盘　搜索

未归属(5)

北京市(2)

关键字检索　电梯使用状态　电梯状态　控制器状态　摄像头状态　搜索

复制　编辑　删除　楼层对照　查看修改记录　进入监测　验收模式　批量删除

序号	电梯工号	内部编号	电梯出厂编号	电梯型号	智能硬件序列号	使用
1	1	1		1	E700XGK4ZG	
2	2	2		直梯	5300QS559G	
3	3	3		THJDZT-3C	QA005S54G2	邵阳
4	4	4		THJDZT-3C	GK005S599P	
5	5	5		THJDZT-3C	E300PS53F7	重庆
6	6	6		THJDZT-3C	KP003S56CX	
7	7	7		thjdzt-3c	CE003S59G5	

图 5-3-3　电梯的实时数据

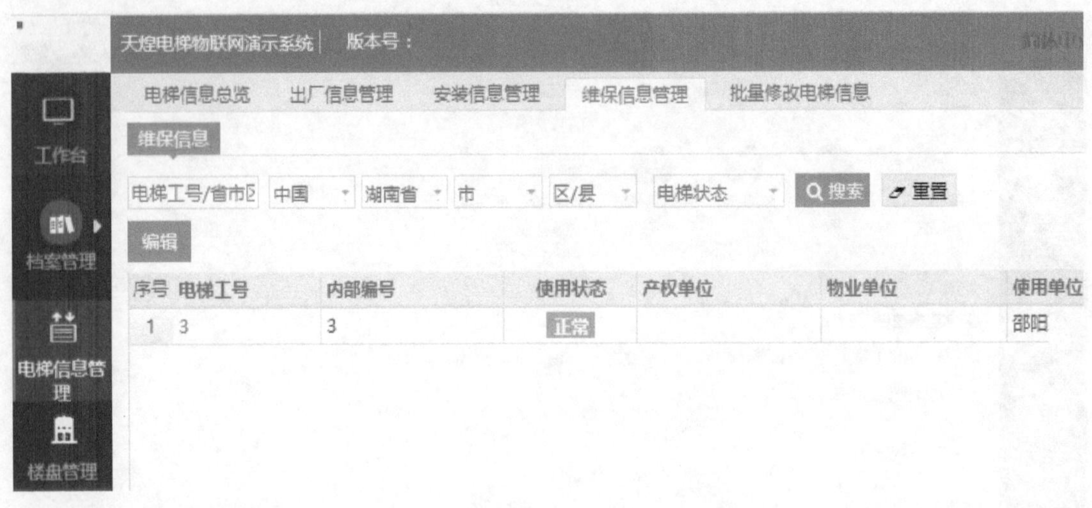

图 5-3-4 电梯参数

3）单击单台电梯即可查看该电梯的实时数据状态，包括楼层、运行方向、信号类型以及实时故障状态等信息，还可查看电梯事件（即历史故障状态，包含检修）、电梯端子状态及电梯的档案等信息，如图 5-3-5 所示。

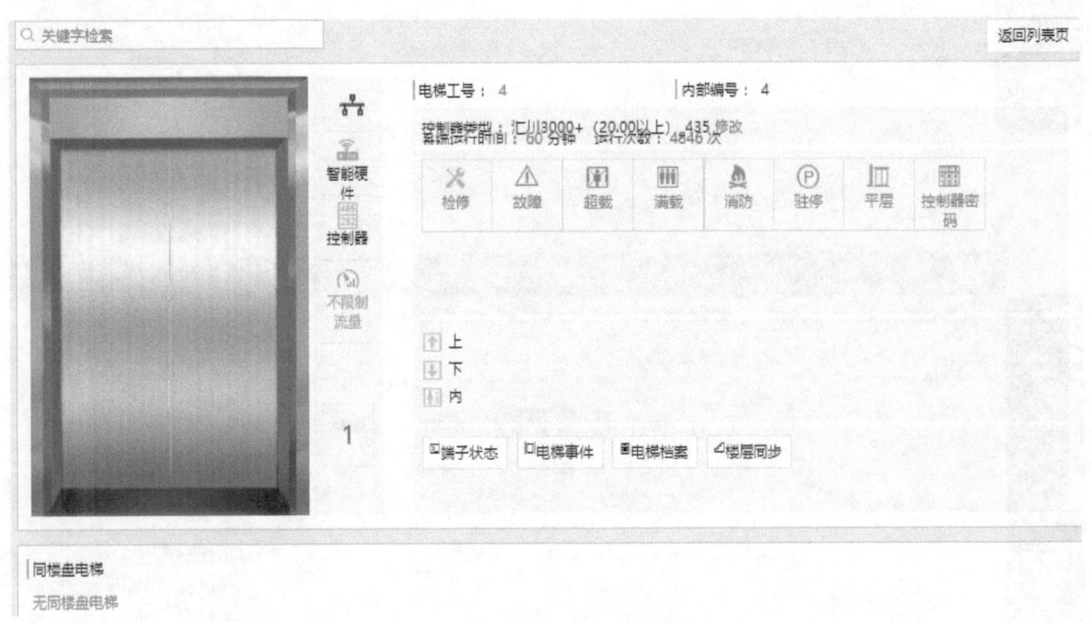

图 5-3-5 电梯的档案信息

4）单击“我关注的电梯”按钮即可查看用户关注电梯的实时数据，如图 5-3-6 所示。

二、电梯云平台电梯监控运用

（一）电梯数据获取

对于默纳克系统，终端电梯数据的获取，通过串口线连接一体机读取。读取数据包括轿

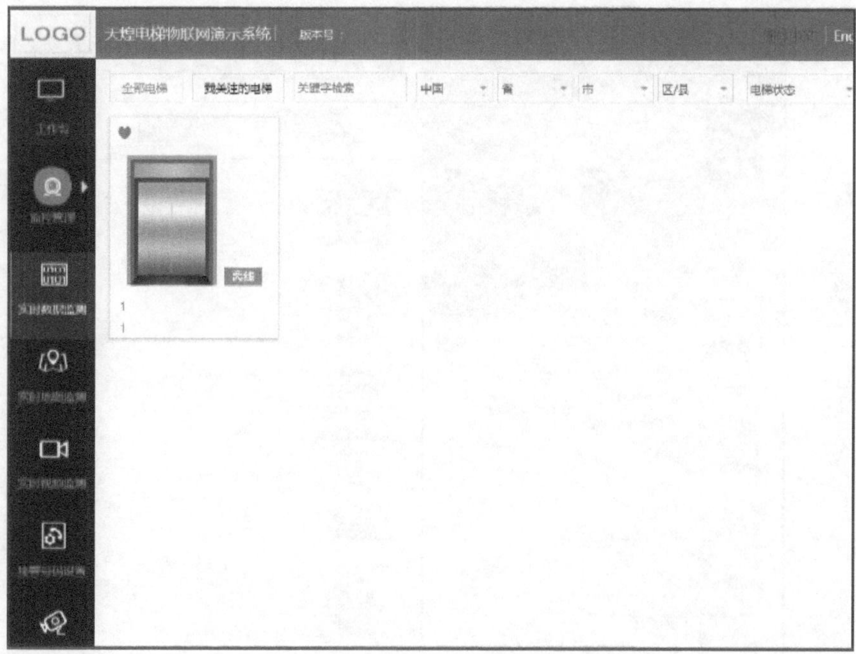

图 5-3-6　我关注的电梯

厢状态（运行方向、楼层、门状态等）、电梯状态（运行、故障、检修）、端子状态及电梯参数等。

（二）实时数据监控

通过电梯物联网应用平台或电梯业务 APP，可以随时查看电梯的运行情况，如图 5-3-7 和图 5-3-8 所示。

电流/电压

名称	值		名称	值	
电流	0.07 (A)		电压	584.7 (V)	

轿顶输入状态

名称	值		名称	值		名称	值	
光幕1	0: 无效		满载信号	0: 无效		司机信号	0: 无效	
光幕2	1: 有效		超载信号	0: 无效		换向信号	0: 无效	
开门到位1	0: 无效		开门按钮	0: 无效		独立运行信号	0: 无效	
开门到位2	1: 有效		关门按钮	0: 无效		消防员操作信号	0: 无效	
关门到位1	1: 有效		开门延时按钮	0: 无效				
关门到位2	1: 有效		直达信号	0: 无效				

轿顶输出状态

名称	值		名称	值		名称	值	
开门输出1	0: 无效		上到站钟标记	0: 无效		保留	0: 无效	
关门输出1	0: 无效		下到站钟标记	0: 无效		蜂鸣器输出	0: 无效	
门锁信号	0: 无效		开门按钮显示	0: 无效		保留	0: 无效	
开门输出2	0: 无效		关门按钮显示	0: 无效		节能标记	0: 无效	
关门输出2	0: 无效		开门延时按钮显示	0: 无效				
门锁信号	0: 无效		非门区停车输出	0: 无效				

输入端子状态

名称	端子有效	值	名称	端子有效	值	名称	端子有效	值
X1功能选择	有效	33: 上平层常闭	X9功能选择	有效	40: 检修信号常闭	X17功能选择	无效	51: 下2级强减常闭
X2功能选择	有效	35: 门区常闭	X10功能选择	无效	9: 检修/紧急电动上行常开	X18功能选择		0: 无效
X3功能选择	有效	34: 下平层常闭	X11功能选择	无效	10: 检修/紧急电动下行常开	X19功能选择		0: 无效
X4功能选择	有效	4: 安全回路反馈常开	X12功能选择		0: 无效	X20功能选择		0: 无效

图 5-3-7　电梯一体化控制器端子状态监测

图 5-3-8　实时地图监测

(三) 故障告警通知

当电梯发生故障时，提示故障状态，并以短信、APP 推送等形式直接发送到相关人员手机上，实现快速响应，如图 5-3-9 所示。

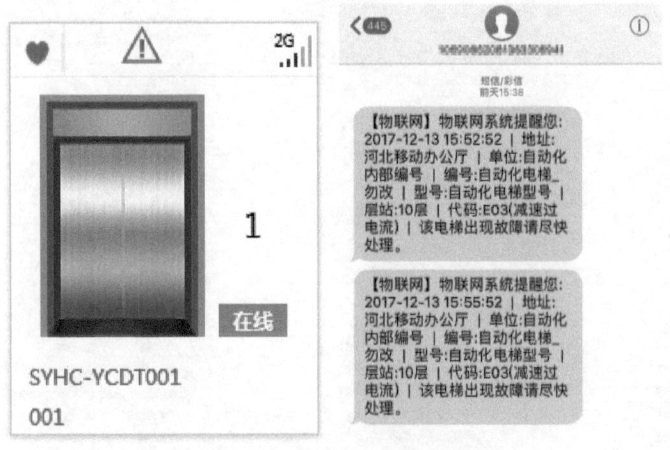

图 5-3-9　故障告警通知

(四) 故障信息平台

对于电梯所发生的故障，可在物联网平台进行保存，并按照楼层、故障类型等进行统计分析，为后续业务提供业务指导，如图 5-3-10 所示。

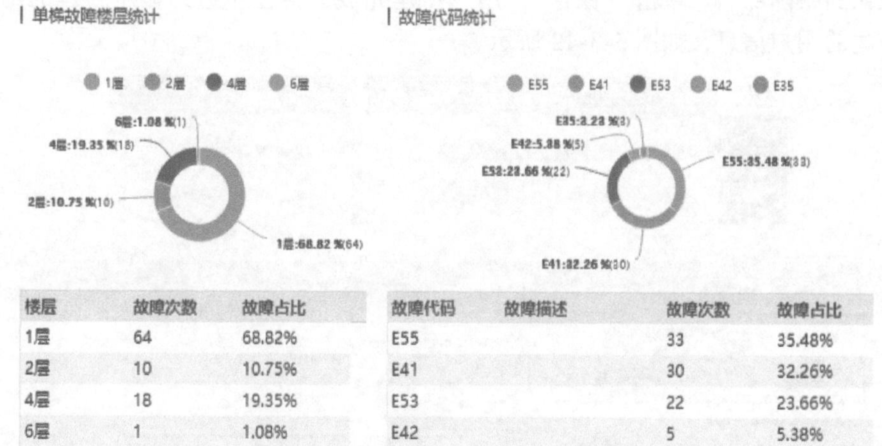

楼层	故障次数	故障占比
1层	64	68.82%
2层	10	10.75%
4层	18	19.35%
6层	1	1.08%

故障代码	故障描述	故障次数	故障占比
E55		33	35.48%
E41		30	32.26%
E53		22	23.66%
E42		5	5.38%

图 5-3-10　故障信息平台

三、电梯云平台远程控制设置——下级账号的开通

（一）创建部门

在“权限管理→组织机构管理”下，选择要创建一个下级部门的部门或单位，单击“新建下级部门”。输入新建的部门名称，分配电梯默认跟随上级部门，可单击“选择”按钮为新建的部门分配电梯。单击“保存”，部门新建完成，会在左边列显示新建的部门名称，右边是新建的部门信息，如图 5-3-11 所示。

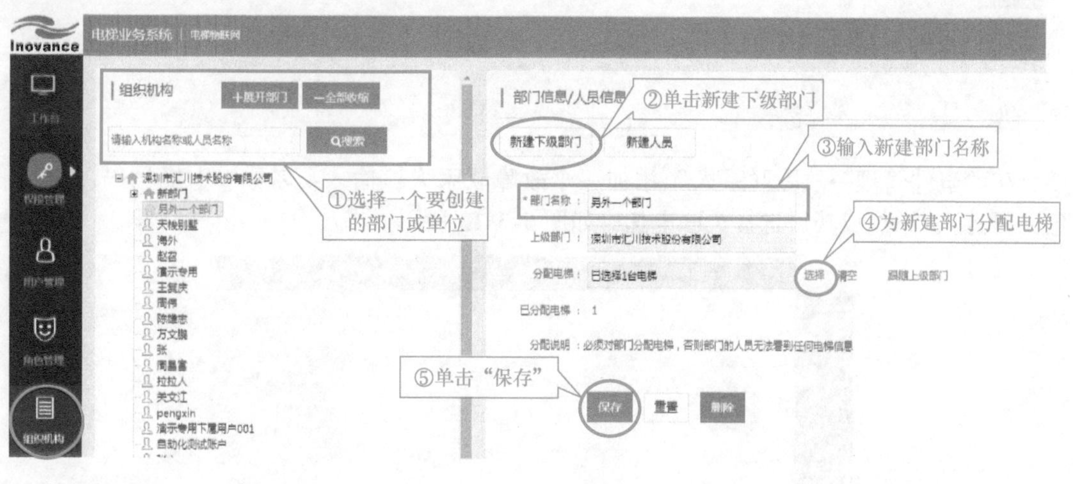

图 5-3-11　创建部门

（二）创建用户

在“权限管理→组织机构管理”下，选择要创建用户的部门或单位（例如维保测试部门），单击“新建人员”。输入用户名、密码、员工姓名、手机号码、Email 邮箱。单击选择角色名称，在弹出框选择角色“维保文员”，如果没有相应角色，需要在“角色管理”中添加角色。分配电梯默认为跟随部门，如有需要可以单击“选择”，勾选要分配的具体电梯。

本例为默认的跟随部门。单击“保存”，用户新建完成，会在左边列显示新建的用户名称，右边是新建的用户信息，如图 5-3-12 所示。

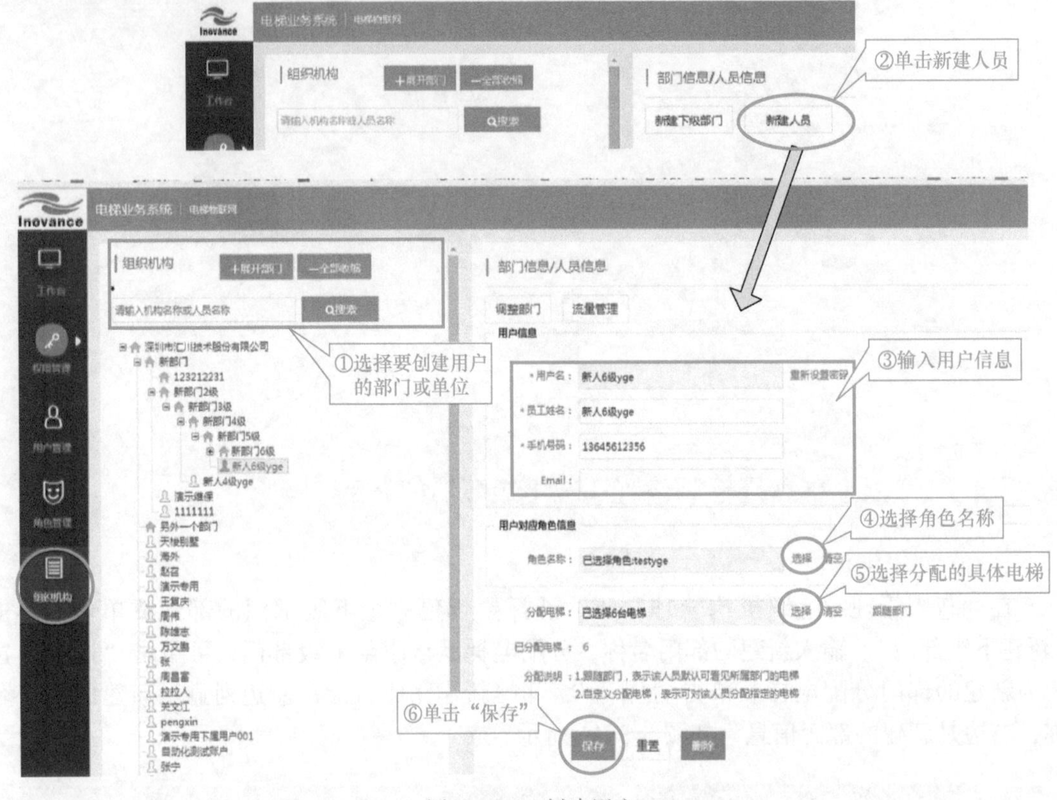

图 5-3-12　创建用户

四、电梯云平台故障报警设置

在“事件管理→故障联系人”添加一个故障联系人，输入：名称、手机号码、账号信息（可选），添加成功后选择关联电梯，如图 5-3-13 所示。

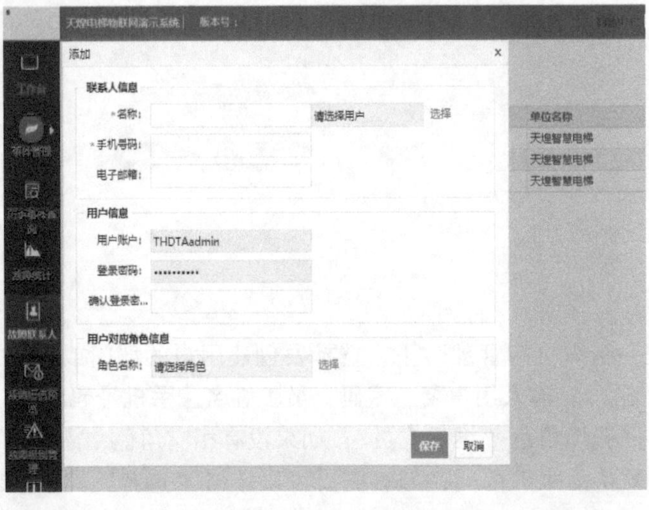

图 5-3-13　添加一个故障联系人

在“事件管理→故障级别管理”添加一个故障级别，并配置故障处置策略。策略说明如图5-3-14所示。

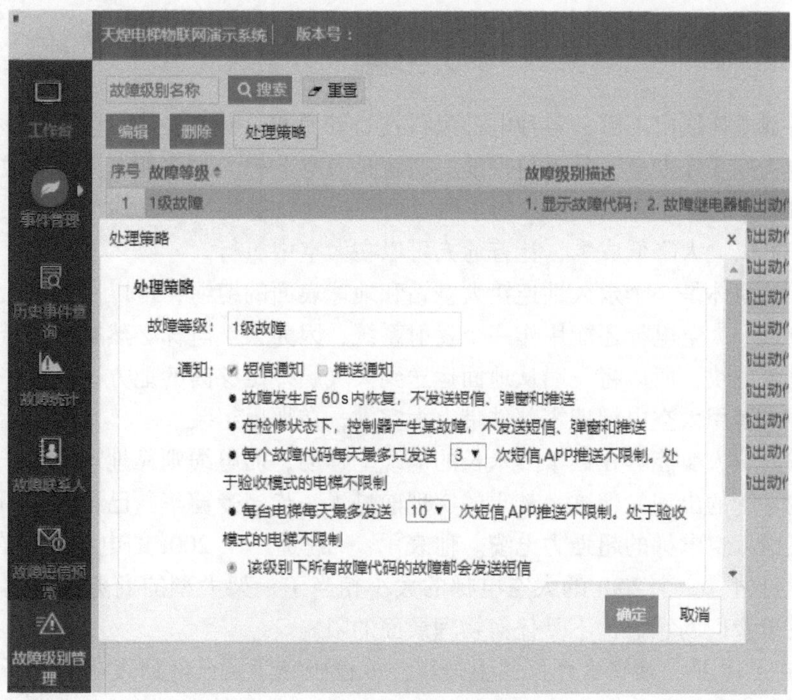

图5-3-14　故障级别管理

在“事件管理→故障短信预览”下可选择发送短信的模板。

如果电梯处于验收模式，需要短信发送次数不受限制，可在“电梯信息管理→电梯信息总览”下设置电梯为验收模式，如图5-3-15所示。

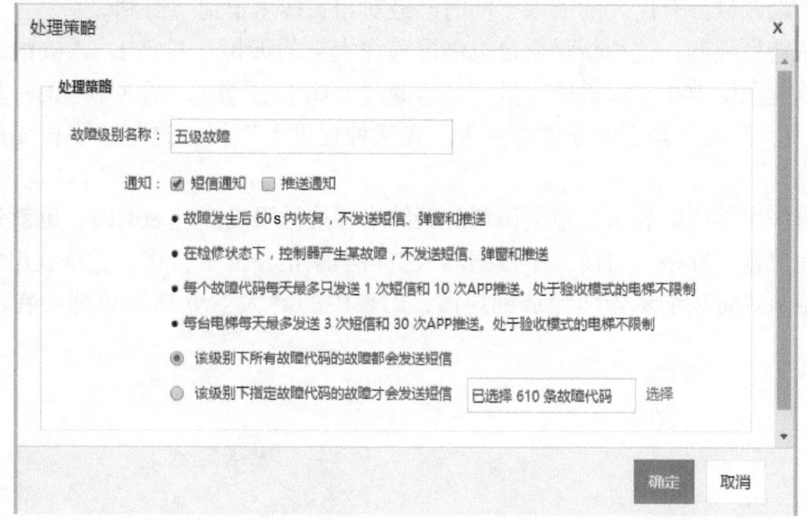

图5-3-15　故障短信预览

5.4 拓展知识

太空电梯

目前，新型电梯层出不穷，各种电梯黑科技日新月异。设想一下，有一天你走进电梯，按下上升按钮就到了外太空，是不是很酷？这就是太空电梯，它将使向游客开放宇宙的梦想成为现实。目前，将一个重约2.2kg的东西发射到近地轨道就需耗资约5.3万元人民币，但是太空电梯却可以大大降低成本，让普通人可以在太空中旅行。

太空电梯的主体是一个永久性连接太空站和地球表面的缆绳，可以用来将人和货物从地面运送到太空站。太空电梯还能用作一个发射系统，因为太空电梯必然被地球带动旋转，而越高的地方速度越快，所以将飞船从地面运送到大气层外足够高的地方，只要一点加速度就可以起航了。或者用太空电梯把零部件带上太空站，在那里组装。

太空电梯的载人舱能够在数千万米长的电缆上移动，而电缆则靠地球转动产生的离心力来固定。碳纳米管的出现又朝这一梦想的实现前进了一步。爱德华兹已证明利用纳米技术可以做出能够支撑太空电梯的超强力电缆。他表示："建造一个200t的电梯是个合理的设想，而且具有商业价值。一个200t的太空电梯的大小相当于一架大型的商务飞机。太空电梯的大小完全取决于我们的意愿，不受任何物理层面的限制。"

2018年5月18日，清华大学网站上透露，该校研究团队已经研发出超强纤维，这种超强纤维在理论上就可以制作成通往太空的超强力电缆。清华大学化工系与清华大学航天航空学院研究团队合作，在超强碳纳米管纤维领域取得重大突破，在世界上首次报道了接近单根碳纳米管理论强度的超长碳纳米管管束，其拉伸强度超越了目前发现的所有其他纤维材料。清华大学的研究团队表示，这种超强纤维是以碳纳米管为原料研制的，其新材质空前坚韧，而且碳纳米管的伸展度是其他材质的9~45倍，无论是运动器材、弹道装甲、航空，甚至是太空电梯等高端领域都有巨大的需求，同时已经对相关技术申请了专利。

研究团队特别强调，这种新材质足以制造通往太空的天梯，只需1cm^3碳纳米管制造的超强纤维，就能承受160头大象的重量（或者超过800t的重量），而这小小的一块纤维，仅仅只有1.6g重，可想而知它的强度有多大。在某种程度上来说，这是一项史无前例的重大突破。

如今，清华大学团队表示，他们研制的碳纳米管抗拉强度高达80GPa，也就是说多年后可能中国将完成这一壮举。目前，中俄两国太空科学家正在携手合作，设法找出安全有效的方式，从太空轨道将碳纳米管缆绳放到地面，幻想中的"太空电梯"可能会在不久的将来成为现实。

智能网联电梯维护
职业技能等级标准

（2021 年 1.0 版）

杭州市特种设备检测研究院制定

前　言

本标准按照 GB/T 1. 1—2020《标准化工作导则　第 1 部分：标准化文件的结构和起草规则》的规定起草。

本标准起草单位：杭州市特种设备检测研究院、浙江天煌科技实业有限公司、天津机电职业技术学院、天津国土资源和房屋职业学院、深圳市汇川技术股份有限公司、迅达（中国）电梯有限公司天津分公司、奥的斯机电电梯有限公司、杭州西奥电梯有限公司、杭州奥立达电梯有限公司、西子电梯科技有限公司、浙江新再灵科技股份有限公司、杭州职业技术学院、湖南电气职业技术学院、潍坊职业学院、浙江同济科技职业学院、重庆航天职业技术学院、江苏电子信息职业学院、邵阳职业技术学院、南通科技职业学院、石家庄铁路职业技术学院、甘肃机电职业技术学院、西安航空职业技术学院、江西现代职业技术学院、广东工程职业技术学院、西安职业技术学院、哈尔滨职业技术学院、青海建筑职业技术学院、金华职业技术学院、天津轻工职业技术学院、北京劳动保障职业学院、重庆水利电力职业技术学院、沙洲职业工学院、武汉船舶职业技术学院、江西应用工程职业学院、晋江安海职业中专学校。

本标准主要起草人：汪宏、刘勇、李伟忠、黄华圣、金子祥、雷云涛、李睿、杨玉杰、宫凡、傅会成、潘相晨、王黎斌、胡琨、刘文超、黄信振、平海强、周健军、沈健康、来见坤、金新锋、蒋燕、谢永辉、金永琪、陈靖方、成建生、何晨曦、高利平、邢献芳、伏根来、张芬、文方、钟陈石、张文革、孙福才、郭红全、庄晓龙、姚嵩、王晖、黄才彬、李志梅、黄金花、周荷清、吴鹏。

1　范围

本标准规定了智能网联电梯维护职业技能等级对应的工作领域、工作任务及职业技能要求。

本标准适用于智能网联电梯维护职业技能培训、考核与评价，相关用人单位的人员聘用、培训与考核可参照使用。

2　规范性引用文件

下列文件对于本标准的应用是必不可少的。凡是注日期的引用文件，仅注日期的版本适用于本标准。凡是不注日期的引用文件，其最新版本适用于本标准。

GB/T 7024《电梯、自动扶梯、自动人行道术语》

GB 7588《电梯制造与安装安全规范》

GB 16899《自动扶梯和自动人行道的制造与安装安全规范》

GB 21240《液压电梯制造与安装安全规范》

TSG 08《特种设备使用管理规则》

TSG T5002《电梯维护保养规则》

3　术语和定义

GB/T 7024、GB 7588、GB 16899、GB 21240、TSG 08 和 TSG T5002 界定的以及下列术语和定义适用于本标注。

3.1　智能网联电梯维护

利用物联网、人工智能及云平台技术，对智慧电梯及电梯物联网监测设备进行监测、检修。

3.2　电梯物联网智慧监测

电梯物联网监测设备采集电梯运行数据上传到物联网监控中心，再对所上传数据进行有效分析，从而实现各相关单位按各自职责所需对电梯进行实时有效的监管维护。

3.3　电梯故障诊断云平台

通过云平台对所采集电梯故障信息进行分析、诊断，并将结果反馈至相关部门及人员，实现电梯故障快速排除的信息化平台。

4　适用院校专业

中等职业学校：电梯安装与维修保养、楼宇智能化设备安装与运行、机电设备安装与维修、机电技术应用、电气运行与控制、电气技术应用、机械制造技术、物联网技术应用等专业。

高等职业学校：电梯工程技术、机电一体化技术、电气自动化技术、机电设备安装技术、机电设备维修与管理、自动化生产设备应用、电机与电器技术、机械制造与自动化、工业设备安装工程技术、物联网应用技术专业等及其群内相关专业。

应用型本科学校：电气工程及其自动化、自动化、智能制造工程、电气工程与智能控制、机械设计制造及其自动化、机械电子工程等专业。

5　面向职业岗位（群）

主要面向智能电梯本体制造、电梯安装维修、技术服务、生产应用等各类企业，从事智能电梯研发、生产制造、安装调试、使用与管理、运行维护、维修保养等;从事电梯机电设备升级改造技术和故障处理、电梯设备综合技术、电梯电气控制系统设计等岗位。

6 职业技能要求

6.1 职业技能等级划分

智能网联电梯维护职业技能等级分为三个等级:初级、中级、高级,三个级别依次递进,高级别涵盖低级别职业技能要求。

【智能网联电梯维护】(初级):知晓中华人民共和国特种设备安全法和安全监察条例,知晓电梯国家标准,掌握维保所需技能,能够按照安全技术规范和使用维护说明书的要求进行电梯维护保养。能够进行应急救援。对电梯物联网系统和云平台有初步的了解。

【智能网联电梯维护】(中级):熟悉中华人民共和国特种设备安全法和安全监察条例,熟悉电梯国家标准和规范,能够按照安全技术规范和使用维护说明书的要求编制保养计划,能够指导并带领初级人员贯彻实施。能够进行中等难度的维修。熟悉电梯物联网系统和云平台,能够检查并确保相关系统的正常运行。

【智能网联电梯维护】(高级):能够监督初级、中级人员遵守中华人民共和国特种设备安全法和安全监察条例,熟悉电梯国家标准和规范,能够勘查井道并放样,能够掌握电梯调试技术,能设定一个或多个品牌型号电梯参数。熟悉云平台并能够调试电梯物联网系统。

6.2 职业技能等级要求描述(表1~表3)

表1 智能网联电梯维护职业技能等级要求(初级)

工作领域	工作任务	职业技能要求
1. 电梯维修	1.1 法律法规学习	1.1.1 知晓《中华人民共和国特种设备安全法》
		1.1.2 知晓《特种设备安全监察条例》
	1.2 国家标准学习	1.2.1 知晓《电梯制造与安装安全规范》(GB 7588—2003 含一号修改单)
		1.2.2 知晓《自动扶梯和自动人行道的制造与安装安全规范》(GB 16899—2011)
	1.3 电梯电工电子测量	1.3.1 能够用绝缘电阻表测各类电梯的电动机、主电路、控制电路绝缘电阻等
		1.3.2 能够用指针式(数字式)万用表,测电梯电路节点电压、电流,测量电阻、二极管、电容
		1.3.3 能够用钳形表测量各动力电路的电流
		1.3.4 能够用声级计测量电梯相关噪声
		1.3.5 能够用照度计测量自动扶梯照明
	1.4 电梯机械操作	1.4.1 了解施工土建图的布局(机房平面图、井道平面图)
		1.4.2 了解各类电梯样板架
		1.4.3 能够看懂机械部件安装图样
		1.4.4 掌握电梯机械结构组成及安装过程
	1.5 电梯电气操作	1.5.1 能够看懂电气回路安装图样
		1.5.2 能够检查电梯主电路
		1.5.3 能够检查电梯控制电路和安全回路

（续）

工作领域	工作任务	职业技能要求
2. 电梯保养	2.1 安全技术规范学习	2.1.1 熟悉《电梯维护保养规则》（TSG T5002—2017）
		2.1.2 知晓《特种设备使用管理规则》（TSG 08—2017）
	2.2 电梯保养相关知识	2.2.1 熟悉电梯安全操作规程，能正确进入电梯轿顶、底坑
		2.2.2 熟悉半月、季度、半年、年度维护保养项目（内容）和要求
		2.2.3 能够对电梯进行基本的维护保养，达到安全技术规范和使用维护说明书的要求，了解减速器、制动器、电动机、轴承、曳引钢丝绳、限速器、安全钳、导轨、导靴等电梯零部件的保养方法
		2.2.4 能够甄别电梯的异常，发现异常的位置
		2.2.5 够独立完成电梯简单故障的检查、维修
3. 电梯物联网智慧监测设备维护	3.1 电梯物联网维护	3.1.1 了解某些典型设备的原理和组成，掌握电梯物联网的基本功能
		3.1.2 了解电梯物联网无线通信的网络协议
		3.1.3 了解电梯物联网设备接口
		3.1.4 能够根据使用维护说明书的要求对电梯物联网设备进行检查维护
	3.2 电梯云平台应用	3.2.1 了解电梯云平台设备组成
		3.2.2 了解电梯云平台基本技术参数，能够通过平台终端查看电梯相关信息
		3.2.3 熟悉电梯云平台的功能，能够通过云平台查看电梯维保情况
		3.2.4 能够操作现场管理平台完成电梯维保单电子化，提供可追溯、可查询功能，实现维保过程透明化管理

表2 智能网联电梯维护职业技能等级要求（中级）

工作领域	工作任务	职业技能要求
1. 电梯维修	1.1 法律法规及标准学习	1.1.1 熟悉《中华人民共和国特种设备安全法》
		1.1.2 熟悉《特种设备安全监察条例》
		1.1.3 熟悉电梯国家标准和规范
	1.2 仪器仪表使用	1.2.1 能进行限速器校验
		1.2.2 能进行接地电阻的测量
		1.2.3 能够用多功能振动测试仪进行检查测量
	1.3 熟悉电梯部件安装	1.3.1 熟悉电梯机械部件的安装
		1.3.2 熟悉电梯电气接线
	1.4 电梯部件调整	1.4.1 能进行制动器的调整，熟悉制动性能测试
		1.4.2 能进行电动机、制动联轴器、减速器蜗杆的同轴度调整
		1.4.3 能进行自动开门机速度、限位调整
		1.4.4 能对安全钳进行调整
		1.4.5 能对门锁进行调整
	1.5 电梯维修管理	1.5.1 掌握电梯维修规范要求、记录及交接检验验收
		1.5.2 熟悉电梯工程作业计划的实施与调整
		1.5.3 熟悉电梯维修操作规程

（续）

工作领域	工作任务	职业技能要求
1. 电梯维修	1.6　电梯电路故障排查	1.6.1　能排查安全、门锁回路故障
		1.6.2　能排查控制电源故障
		1.6.3　能排查启动阶段电路故障
		1.6.4　能排查显示电路故障
		1.6.5　能排查拖动控制电路故障
		1.6.6　能熟练排查 PC 控制电梯的故障
		1.6.7　能排查自动扶梯的电气故障
		1.6.8　能排查 PC 电梯的外部电路故障
2. 电梯保养	2.1　电梯保养方案制定	2.1.1　能根据安全技术规范和电梯使用维护说明书制定电梯日常维护保养计划
		2.1.2　能检查指导初级维保人员的维保工作
3. 电梯智能化维护	3.1　IC 卡技术应用	3.1.1　掌握电梯 IC 卡相关技术参数
		3.1.2　能够区段式增加、删除、查询卡号及楼层设定，如管制持卡人员出入特定允许出入之楼层，以防止随意出入各楼层而确保安全
		3.1.3　能进行时间区管制以实现系统在某段时间内开放，某段时间内受控，使电梯按规定自动运行，如节假日时间权限设置
		3.1.4　能根据需要设定 IC 卡权限，使业主获取或取消其使用电梯的权限
	3.2　群控呼梯响应技术应用	3.2.1　掌握群控呼梯技术的通信方式，如 CAN 通信、LON 通信或 RS485 通信等
		3.2.2　能够对简单电梯群控系统进行硬件设计
		3.2.3　能够对简单电梯群控系统进行软件设计
4. 电梯一体机调试与维修	4.1　一体机安装	4.1.1　能够对电梯一体机及配件选型
		4.1.2　能够对轿顶板、内外呼指令板、曳引机、编码器、轿内显示、到站钟等相关配件与一体机的电气安装
	4.2　一体机调试与排故	4.2.1　能够根据给定参数利用一体机进行调试，最终完成电梯快车调试功能
		4.2.2　能够根据一体机故障代码，排除电梯相关故障
		4.2.3　能够根据安全回路反馈、门锁回路反馈、封星检测、运行检测等指示灯状态，判断故障并修复
5. 电梯物联网智慧监测设备维护	5.1　电梯物联网维护	5.1.1　能够对电梯物联网设备选型
		5.1.2　能够安装智能网联电梯终端设备，将物联网模块与控制器建立通信连接
		5.1.3　能够对物联网模块进行通信配置
	5.2　电梯云平台应用	5.2.1　利用云平台进行电梯实时监测设置
		5.2.2　利用云平台能够进行故障告警通知设置
		5.2.3　利用云平台远程控制设置，可以实现远程起停机、远程锁机、远程修改参数等

表 3　智能网联电梯维护职业技能等级要求（高级）

工作领域	工作任务	职业技能要求
1. 电梯维修	1.1　电梯控制基本操作	1.1.1　能使用电梯服务器对控制器进行操作
		1.1.2　能进行微处理器接口、驱动电路简单设计
		1.1.3　能根据电梯继电器电路各环节绘制梯形图
		1.1.4　能根据梯形图转指令
		1.1.5　能根据指令转梯形图
	1.2　电梯调速操作	1.2.1　能根据电动机参数设置变频器
		1.2.2　能根据要求对变频器起制动时间进行参数设置
		1.2.3　能根据要求对变频器多段速运行进行参数设置
		1.2.4　能根据要求进行自学习过程操作
		1.2.5　能根据要求进行自学习记录电动机实际数据
	1.3　电梯故障排除	1.3.1　能排除电梯较复杂的机械故障
		1.3.2　能排除电梯较复杂的电气故障
2. 电梯保养	2.1　电梯保养及安全运行方案制定	2.1.1　能进行电梯维护保养，掌握电梯管理人员的职责
		2.1.2　能进行电梯维护保养中的现场安全管理
		2.1.3　能进行电梯维护保养，掌握其周期及项目
	2.2　电梯管理及检测	2.2.1　能严格执行安全技术操作规程
		2.2.2　能做安全、文明教育工作
		2.2.3　能对初、中级工示范操作、传授技能
		2.2.4　掌握电梯技术档案资料管理知识
		2.2.5　能对电梯安装、维修、调试等工程进行验收
3. 电梯门机一体机维护	3.1　门机一体机调试	3.1.1　能够绘制开关门运行曲线，并根据曲线调试电梯门机一体机开关门力矩等参数
		3.1.2　掌握电梯门机一体机电动机参数调谐
		3.1.3　掌握电梯门机一体机编码器安装及自学习前检查
		3.1.4　掌握电梯门机一体机一键调试功能，能够进行电梯门机一体机门宽自学习操作
	3.2　门机一体机安装	3.2.1　掌握电梯门机一体化机械安装流程
		3.2.2　能够进行电梯门机一体机控制器相关信号配线
		3.2.3　根据关门受阻判断示意图调解关门力矩
4. 电梯一体机调试与维修	4.1　一体机安装	4.1.1　能够根据编码器、曳引机形式选择正确的变频器卡
		4.1.2　能够根据群控台数，选择并安装电梯群控板
	4.2　一体机调试与维修	4.2.1　能够根据给定参数利用一体机进行电梯舒适度调试
		4.2.2　能够将门机控制器与一体机进行关联调试
		4.2.3　能够进行两台电梯并联调试
		4.2.4　能够进行贯通门调试
5. 电梯物联智慧监测	5.1　电梯物联网维护	5.1.1　能够对电梯物联网应用开发
		5.1.2　能够对电梯物联网进行权限管理
		5.1.3　能够对电梯物联网进行系统定制
	5.2　电梯云平台应用	5.2.1　能够按照设备使用生命周期进行故障预测
		5.2.2　能够利用云平台快速排除电梯机械故障操作
		5.2.3　能够利用云平台快速排除电梯电气故障操作
		5.2.4　能够利用云平台进行微机和 PLC 故障诊断和排除

参考文献

[1] 刘勇，于磊．电梯技术 [M]．北京：北京理工大学出版社，2014.
[2] 李秧耕，等．电梯基本原理及安装维修全书 [M]．北京：机械工业出版社，2001.
[3] 刘勇，于磊．电梯安装与维修技术 [M]．大连：大连理工大学出版社，2015.
[4] 许林，曾杰，等．电梯安全管理与操作技术 [M]．合肥：安徽科学技术出版社，2012.
[5] 吕景泉，汤晓华，等．智能电梯装调与维护 [M]．北京：中国铁道出版社，2013.